AF573527

RAISONNEMENT ABRÉGÉ

DU

SYSTÈME MÉTRIQUE,

suivi

DES TABLES COMPLÈTES

de

CONVERSION DES MESURES AGRAIRES

et du

MESURAGE PRATIQUE DE SURFACE ET DE CUBE;

Par Gautier (J.-Luis).

PRIX : 1 F. 50 C.

CHEZ L'AUTEUR,
Au Mesnil-Amelot (Seine-et-Marne).

Paris.

BACHELIER, Libraire, *quai des Augustins*, 55.
J.-P. JUTEAU, graveur, passage du Caire, 96.

1841.

Imprimerie de Pollet et Ce, rue Saint-Denis, 380.

Avis.

Les personnes qui prendront la tâche de suivre cet ouvrage, qui à la première vue leur paraîtra obscur à cause du court détail que j'ai donné à chaque notion, la trouveront facile s'ils s'attachent à résoudre eux-mêmes tous les calculs qui sont faits et placés exprès au-dessous des questions et des figures pour en donner l'entendement ; pour tirer l'avantage qu'offre ce petit traité, il ne faut point passer aucune question sans la résoudre, et résoudre d'autres questions de soi-même relatives à celles que l'on aura comprises, et on concevra aussitôt le placement des chiffres, et le système métrique entrera dans la tête sans qu'on s'en aperçoive.

C'est en suivant ce principe qu'on sera à même de me rendre justice. Combien a-t-on vu de fois des gens mépriser un ouvrage, parce qu'ils ne l'avaient pas assez pratiqué pour en connaître les qualités !

Il faut aussi dire pourquoi cet ouvrage est si abrégé : c'est que, connaissant par expérience les difficultés qu'éprouvent les personnes qui n'ont reçu qu'une éducation primaire pour comprendre les démonstrations qui ont un trop grand développement, et comme cet ouvrage leur est principalement destiné, je me suis attaché sur tous les points à ne donner que des démonstrations tout-à-fait pratiques, en me servant d'expressions simples et communes. Je fis plus, j'écartai de mon système tout ce qui aurait pu servir à l'enjoliver, surtout étant obligé de prendre un long tour pour exprimer peu de chose.

RAISONNEMENT ABRÉGÉ

DU

SYSTÈME MÉTRIQUE.

Article premier. Le mètre est la base du système métrique; il a été trouvé en divisant la distance du pôle nord à l'équateur : il se trouve juste la dix millionième partie de cette distance. Le mètre sert de base à toutes les autres mesures; il correspond à une longueur de 3 pieds 11 lignes 296 millièmes de ligne.

COMPOSITION DU MÈTRE.

Art. 2. Le mètre se divise en dixièmes, centièmes et millièmes que l'on nomme sous-multiples; il compose aussi des longueurs dix, cent, mille et dix mille fois plus grandes que lui, que l'on nomme multiples.

Les parties qui composent le mètre se divisent de dix en dix : ainsi, un décimètre, qui est la dixième partie du mètre, est composé de dix centimètres ; un centimètre, qui est la dixième partie du décimètre et la centième partie du mètre, est composé de dix millimètres.

MÈTRE. — UNITÉ DE LONGUEUR.

Noms et valeurs des sous-multiples.

DÉCIMÈTRE.—Dixième partie du mètre.

CENTIMÈTRE. — Centième partie du mètre.

MILLIMÈTRE. — Millième partie du mètre.

Noms et valeurs des multiples.

Décamètre.	—	10 mètres.
Hectomètre.	—	100 mètres.
Kilomètre.	—	1,000 mètres.
Myriamètre.	—	10,000 mètres.

MESURE DE SURFACE.

Art. 3. Un mètre carré est un mètre de long sur un mètre de large. Il y a, dans un mètre carré, cent décimètres carrés, dix mille centimètres carrés et un million de millimètres carrés. Il est aisé de s'en convaincre, sachant que dix décimètres sont contenus dans la longueur du mètre. Si je fais le carré de 10, j'obtiens 100 (faire le carré d'un nombre, n'est rien autre chose que de multiplier ce nombre par lui-même); si je fais également le carré de 100, j'obtiens 10,000; et comme 1,000 millimètres sont contenus dans la longueur du mètre, si je fais le carré de 1,000, j'obtiens 1,000,000.

MESURE DE SOLIDE.

Art. 4. Un mètre cube n'est rien autre chose qu'un mètre de long, un mètre de large et un mètre de haut. Il y a, dans un mètre cube, mille décimètres cubes, cent millions de centimètres cubes et un billion de millimètres cubes. Chacun d'eux représente un carré particulier; c'est-à-dire qu'un décimètre cube est un carré qui porte un décimètre sur tous côtés, et contient mille centimètres cubes; le centimètre cube porte un centimètre sur tous côtés, et contient mille millimètres cubes; et le millimètre cube porte un millimètre. Mais quand il s'agit de faire le cube d'un solide ayant le mètre cube pour unité, l'ordre n'est plus le même : alors un millimètre cube est un mètre de long, un mètre de large sur un millimètre de haut, ce qui vaut un million de millimètres, formant chacun un carré particulier. Un centimètre est un mètre de long, un mètre de large, sur un centimètre de haut, ce qui vaut dix mille centimètres cubes représentant chacun un carré particulier. Comme il vient d'être dit, un décimètre cube est un mètre de long, un mètre de large, sur un décimètre de haut, dans lequel on trouve également cent décimètres carrés.

Ceci est aisé à concevoir quand on sait que le mètre cube est l'unité de la mesure, et qu'on sait qu'il est composé de dixièmes, de centièmes et de millièmes; on doit savoir aussi qu'un millimètre cube, qui est la millième partie de l'unité, est formé par un millimètre de haut sur toute la surface du mètre carré; qu'un centimètre est de même formé par un centimètre de haut; et qu'un décimètre, ou 10 centimètres cubes, sont également formés par leur hauteur sur toute la surface du mètre carré : ainsi, quand on a sur la surface d'un mètre, 9 décimètres ou 90 centimètres de hauteur, on dit avoir 90 centimètres cubes.

MESURE DES BOIS DE CHAUFFAGE.

STÈRE.— Unité de cette mesure. (Le stère remplace la corde. — Le décistère remplace l'ancienne pièce de bois.

Art. 5. Le stère est un mètre cube.

Noms et valeurs des sous-multiples.

DÉCISTÈRE. — Dixième partie du stère.
CENTISTÈRE. — Centième partie du stère.
MILLISTÈRE. — Millième partie du stère.

Les multiples sont peu en usage : on ne se sert que du décastère.

MESURE AGRAIRE.

ARE.—Unité de cette mesure. (L'are remplace la perche ; et l'hectare remplace l'arpent.)

Art. 6. Un are est dix mètres de long, dix mètres de large, ou cent mètres carrés.

Noms et valeurs des sous-multiples.

DÉCIARE. — Dixième partie de l'are.
CENTIARE. — Centième partie de l'are.
MILLIARE.—Millième partie de l'are.

Noms et valeurs des multiples.

DÉCARE. — 10 ares.
HECTARE. — 100 ares.
KILARE. — 1,000 ares.
MYRIARE. — 10,000 ares.

MESURE DE PESANTEUR.

GRAMME. — Unité de cette mesure. (Le kilogramme remplace le poids de deux livres.)

Art. 7. Le gramme est en rapport avec le mètre comme le sont toutes les autres mesures.

Le gramme est un centimètre cube d'eau pure prise à trois degrés au-dessous de la glace fondante. Ce cube est la millième partie d'un décimètre cube, et est un petit carré comme il est démontré à l'art. 4.

Noms et valeurs des sous-multiples.

DÉCIGRAMME. — Dixième partie du gramme
CENTIGRAMME. — Centième partie du gramme.
MILLIGRAMME. — Millième partie du gramme.

Noms et valeurs des multiples.

DÉCAGRAMME. — 10 grammes.

Hectogramme. — 100 grammes.
Kilogramme. — 1,000 grammes.
Myriagramme. — 10,000 grammes.

MESURE DE CAPACITÉ.

LITRE.—Unité de cette mesure.

Art. 8. Le litre contient un décimètre cube, ou la millième partie d'un mètre cube : ce qui représente un petit carré comme il est démontré à l'art. 4.

Noms et valeurs des sous-multiples.

Décilitre. — Dixième partie du litre.
Centilitre. — Centième partie du litre.
Millilitre. — Millième partie du litre.

Noms et valeurs des multiples.

Décalitre. — 10 litres.
Hectolitre. — 100 litres.
Kilolitre. — 1,000 litres.
Myrialitre. — 10,000 litres.

Art. 9. Le FRANC est l'unité de monnaie ; il est en rapport avec le mètre, en raison qu'il est, comme le mètre, divisé en dixièmes, centièmes et millièmes.

Les multiples du franc sont peu en usage.

Les sous-multiples sont le

Décime, ou deux sous. — Dixième partie du franc.
Centime. — Centième partie du franc.
Millime. — Millième partie du franc.

Les millièmes de franc ne sont en usage que dans les calculs.

Art. 10. Avant de s'occuper des calculs, il faut connaître la valeur des chiffres, et savoir les nombrer.

DÉMONSTRATION.

1	centaine de millions.
9	dizaines de millions.
6	millions.
3	centaines de mille.
2	dizaines de mille.
7	mille.
8	centaines d'unités.
4	dizaines d'unités.
2	unités.

On voit, d'après la démonstration, que le premier chiffre de droite d'un nombre, ne vaut que sa valeur; que le deuxième vaut dix fois sa valeur; et le troisième cent fois. Ce qui fait voir que **8**, **4** et **2**, valent huit cent quarante-deux.

Si on continue de nombrer comme la démonstration de droite à gauche, jusqu'au neuvième chiffre, on dira en revenant de gauche à droite, cent quatre-vingt-seize millions trois-cent-vingt mille huit-cent-quarante-deux. On peut, en suivant le même principe, donner l'énoncé d'un plus grand nombre.

EXEMPLE :

5	centaines de sextillions.
4	dizaines de sextillions.
2	sextillions.
4	centaines de quintillions.
3	dizaines de quintillions.
5	quintillions.
2	centaines de quatrillions.
1	dizaine de quatrillions.
3	quatrillions.
6	centaines de trillions.
8	dizaines de trillions.
7	trillions.
1	centaine de billions.
4	dizaines de billions.
2	billions.
8	centaines de millions.
6	dizaines de millions.
2	millions.
1	centaine de mille.
4	dizaines de mille.
7	mille.
8	centaines d'unités.
6	dizaines d'unités.
9	unités.

Art. **11**. Les calculs décimaux sont beaucoup plus faciles que les anciens, mais il ne faut pas oublier de ranger en ordre les nombres qu'on veut calculer ; c'est-à-dire, qu'on doit placer les unités sous les unités, les dixaines sous les dixaines, les centaines sous les centaines et les mille sous les mille. On place ordinairement une virgule à droite de l'unité pour la séparer des sous-multiples. Les sous-multiples se placent ainsi en ordre : les dixièmes sous les dixièmes, les centièmes sous les centièmes, et les millièmes sous les millièmes. Quand un nombre se trouve sans unité, on remplace l'unité par un zéro, et on place la virgule à sa droite.

Il ne faut pas oublier que, dans les calculs décimaux, il n'existe point de trois-quarts, point de demie, point de quart ni de huitième, etc. Ces nombres s'écrivaient autrefois en chiffres, ainsi qu'il suit : 3/4, 1/2, 1/4, 1/8; et les nombres qui représentent ces fractions, dans les nouveaux calculs, s'écrivent de la manière suivante : 0,75; 0,50; 0,25; 0,125; le zéro qui remplace l'unité, fait voir que 75 n'est rien autre chose que les trois quarts de l'unité, que l'on nomme 75 centièmes.

ADDITION DES NOMBRES MÉTRIQUES.

Art. 12. Premier cas : on sait que l'addition a pour but de réunir plusieurs nombres de même espèce en un seul, que l'on nomme total.

Supposons avoir à réunir plusieurs longueurs, savoir : la première de 4 mètres 75 centimètres; la deuxième de 6 mètres 84 centimètres 6 millimètres; la troisième de 12 mètres 5 centimètres 4 millimètres; et la quatrième de 35 centimètres.

```
  4, 75
  6, 84 6
 12, 05 4
  0, 35
---------
 24, 00 0
```

En suivant l'ordre expliqué à l'art. 11, on voit que la longueur totale est de 24 mètres.

Deuxième cas : En suivant ce principe, supposons avoir à réunir 4 stères 20 centistères de bois d'une part; 8 stères 75 centistères d'autre part; et 4 stères 95 centistères,

```
  4, 20
  8, 75
  4, 95
 -------
 17, 90
```

le total est 17 stères 90 centistères.

Troisième cas : Supposons avoir à réunir 2 hectares 60 centiares d'une part; 10 ares 85 centiares d'autre part; et 4 ares 25 centiares,

```
 2 00, 60
   10, 85
    4, 25
 ---------
 2 15, 70
```

le total est 2 hectares 15 ares 70 centiares.

Quatrième cas : Supposons avoir à réunir 3 grammes 5 centigrammes 8 milligrammes d'une part; et 9 grammes 30 centigrammes,

```
  3, 05 8
  9, 30
 --------
 12, 35 8
```

le total est 12 grammes 35 centigrammes 8 milligrammes.

On sait que le gramme est l'unité de poids; mais il ne sert d'unité que dans le poids de l'or ou des choses précieuses; car, dans les grosses pesées, on se sert plus ordinairement du kilo. Il peut servir d'unité, puisqu'il est composé de dixièmes, de centièmes et de millièmes. Ainsi, le gramme, qui est l'unité de poids, est ici la millième partie du kilo : ce qui fait voir que tout nombre qui est composé, ou qu'on peut composer de dixièmes, de centièmes et de millièmes, peut servir d'unité fondamentale aux calculs.

Cinquième cas : Supposons, d'après ce principe, que l'on ait à réunir 1,280 kilos 5 hectos d'une part ; 186 kilos 9 hectos 4 décas d'autre part ; et 88 kilos 6 décas,

1,280, 50
186, 94
88, 06
1,555, 50

cela posé, on voit qu'il est aussi facile de ranger ces nombres en ordre que les précédents.

Le total est 1,555 kilogrammes 50 centièmes de kilos.

Supposons avoir à réunir 12 francs 40 centimes, ou 8 sous, d'une part ; 1 franc 95 centimes, ou 19 sous, d'autre part ; et 10 francs 5 centimes ou 1 sou.

12, 40
1, 95
10, 05
24, 40

le total est 24 francs 40 centimes, ou 24 francs 8 sous.

SOUSTRACTION DES NOMBRES MÉTRIQUES.

Art. 13. La soustraction a pour but de connaître la différence qui existe entre deux nombres.

Premier cas : Supposons que l'on ait 132 mètres 75 centimètres de toile, et que, sur cette quantité, on en ait vendu 98 mètres 25 centimètres,

132, 75
98, 25
34, 50

34 mètres 50 centimètres est la différence cherchée.

Deuxième cas : Supposons, en second lieu, qu'une somme de 2,686 francs soit due, sur laquelle on aurait payé une somme de 1,942 francs 50 centimes,

```
 2,686, 00
 1,942, 50
 ---------
 0,743, 50
```

on voit que la somme payée n'est rien autre chose que 194,250 centimes. On est conduit, par cette raison, à réduire la somme due, en centimes : cela se fait en ajoutant deux zéros à sa droite, ce qui rend ce nombre cent fois plus grand, et chaque unité cent fois plus petite. Si on ne réduisait pas la somme due en 268,600 centimes, l'opération serait impossible : ainsi, pour connaître la différence entre deux nombres inégaux, il faut soustraire l'excédent du plus grand nombre par le plus petit.

MULTIPLICATION DES NOMBRES MÉTRIQUES.

Art. 14. Premier cas : On demande combien coûte 2 hectolitres 4 décalitres de blé, à raison de 25 francs l'hectolitre?

```
  2, 4
 25,
 ------
 12, 0
 48,
 ------
 60, 0
```

ils coûtent 60 francs. On prend ici les 2 hectolitres pour unités et les 4 décalitres pour sous-multiples. Quand on multiplie un nombre par un autre nombre, on tranche par une virgule, à la droite du résultat, autant de chiffres qu'il y a de sous-multiples au multiplicande; et au multiplicateur ici, on tranche un zéro, parce qu'il y a un sous-multiple au multiplicande.

Deuxième cas : D'après ce principe, on demande combien coûte une pièce de drap de 72 mètres 50 centimètres, à raison de 21 francs 75 centimes le mètre,

```
       72, 50
       21, 75
  ----------------
      3, 62 5
     50, 75
     72, 5
  1,450,
  ----------------
  1,576, 87 50
```

la somme demandée est 1,576 francs 87 centimes et demi; il est inutile de multiplier les zéros qui se trouvent à la droite des nombres, il suffit de les ajouter à la droite du total: c'est le moyen d'abréger et de simplifier l'opération.

On voit que, d'après l'ordre du calcul décimal, on a séparé au produit, par une virgule, les 4 sous-multiples.

DIVISION DES NOMBRES MÉTRIQUES.

Art. 15. Premier cas : Trois personnes ont acheté la récolte d'une métairie, 24,660 francs; elles ont eu, après la revente, 3,990 francs 75 centimes de bénéfice: on demande combien elles ont eu chacune?

```
3990, 75 | 3
         |----------
09       | 1330, 25
 09
  00, 7
      15
      0
```

Elles ont eues chacune, 1,330 francs 25 centimes.

Deuxième cas: En suivant les mêmes principes, combien pourrait-on faire de mètres carrés de couverture avec 922 tuiles, sachant qu'il faut 84 tuiles 50 centièmes de tuiles pour en couvrir un mètre.

```
922, 00      | 84, 50
077, 00 0    |--------
  0, 95 00   | 10, 91
     10 50
```

On pourrait en couvrir 10 mètres 91 centimètres, en négligeant les millièmes restants; ici, le diviseur doit être regardé comme 8,450 centièmes; le dividende 922 ne pouvant le contenir, on le réduit en 92,200 centièmes; puis, opérant de cette manière, on obtient au quotient 10 mètres, et on a pour reste, 7,700 centièmes; ce nombre ne pouvant contenir le diviseur, on y ajoute un zéro pour le rendre dix fois plus grand et obtenir au quotient un nombre dix fois plus petit qui est 9, et on a pour reste 950; on ajoute un zéro à ce nombre, puis, opérant comme sur le précédent, on obtient 1 centième : ce qui fait voir que, pour obtenir des nombres dix fois plus petits, il faut rendre le dividende dix fois plus grand. Cela est aisé à concevoir quand on sait que l'unité, telle qu'elle soit, est toujours composée de dixaines, de centaines et de millièmes; et si on a un nombre d'unités à diviser par un autre nombre, et que le dividende ne soit pas assez grand pour contenir le diviseur, on est obligé, pour rendre l'opération facile, d'ajouter au dividende un ou plusieurs zéros. Si on ajoute un zéro au dividende, on rend ce nombre dix fois plus grand et ses parties dix fois plus petites; c'est-à-dire, qu'il serait réduit en dixaine d'unités; et si, pour le rendre divisible, on y ajoute un deuxième zéro, alors l'unité sera réduite en centièmes d'unités.

Si, en suivant ce principe, on voulait diviser un tonneau de vin entre cent personnes.

1,00	100
0,00	0,01

Comme le dividende 1 ne peut contenir le diviseur 100, en plaçant un zéro à sa droite, on obtient 10, et comme 10 n'est pas divisible par 100, on pose un zéro au quotient qui représente l'unité, et on ajoute un deuxième zéro au dividende ; on pose ensuite un second zéro au quotient qui représente des dixaines d'unité ; ensuite, divisant 100 par 100, on obtient un centième, ce qui fait voir que la portion de chaque personne est la centième partie du tonneau ; on voit aussi combien il est nénécessaire de remplacer au quotient l'unité, dixaine d'unités, etc., par des zéros; car ici, si on n'avait point remplacé l'unité dixaine d'unités par des zéros, on n'aurait pas su quelle était l'expression de 1 ; tandis que, de cette manière, on peut dire zéro unité, zéro dixaine d'unités, un centième d'unités, ce qui démontre que 1 est la centième partie du tonneau, et qu'on ne peut pas lire un nombre composé de sous-multiples, sans remplacer l'unité, etc., par des zéros.

Art. 16. Le système métrique n'est pas seulement la base des poids et mesures, il est encore la base de tous les calculs : ainsi une chose quelle qu'elle soit doit être supposée composée de 100 parties, tel que le mètre est composé de 100 centimètres.

Prenons pour exemple l'opération suivante : Supposons qu'un marchand ait acheté 4 tonneaux et demi de vin à raison de 60 francs 50 centimes le tonneau : si on répondait à cette question par les anciens calculs, on aurait à multiplier 4 tonneaux et demi par 60 francs 50 centimes ; l'opération étant impossible, il faudrait donc multiplier 4 tonneaux par 60 francs 50 centimes, ce qui produirait 242 francs, il faudrait ensuite prendre la moitié de 60 francs 50 centimes qui est de 30 francs 25 centimes pour le prix du demi-tonneau, et ajouter ce nombre à 242 francs, ce qui ferait une somme totale de 272 francs 25 centimes, somme que coûteraient les 4 tonneaux et demi.

Il est facile de voir qu'en suivant le système métrique pour cette opération elle devient plus simple, il suffit de dire qu'un marchand a acheté 4 tonneaux 50 centièmes de tonneau, et multiplier

4, 50 par 60 francs 50 centimes.

```
  4, 50
 60, 50
--------
  2, 25
270,
--------
272, 25 00
```

Il suffit seulement de trancher à la droite du total les 4 sous-multiples, et on a également 272 francs 25 centimes; on peut opérer de la même manière sur toutes espèces de choses de telle nature qu'elles soient.

MANIÈRE DE COMPARER LES MESURES ANCIENNES EN NOUVELLES, ET RÉCIPROQUEMENT.

Avant d'entrer dans le détail des comparaisons, je vais rapporter un fait qui est à ma connaissance, et qui devra servir d'encouragement à tous ceux qui ne voudront pas passer pour ignorants.

Un entrepreneur de ponts-et-chaussées ayant un pont à construire, écrivit à un marchand chaufournier de lui envoyer une certaine quantité de mètres de chaux, et de lui dire d'avance le prix du mètre. Le marchand répondit que, ne connaissant pas ce que c'était qu'un mètre, il ne pouvait pas en dire le prix; et qu'ayant l'habitude de vendre sa chaux 12 francs le tonneau, il ne pouvait lui en livrer qu'à cette mesure.

Il s'exposait, par cette réponse, à manquer de vendre; si, au contraire, il eût eu la moindre idée du système métrique, il aurait su qu'un mètre contient mille litres; et, sans doute, il n'était pas sans savoir quelle était la jauge du tonneau avec lequel il faisait ses livraisons. En supposant que ce tonneau contînt 200 litres, il aurait pu voir que cinq tonneaux formeraient 1 mètre; et que, le prix du tonneau étant de 12 francs, le prix du mètre serait de 60 francs.

Art. 17. Il est très-facile de mettre les anciennes mesures en rapport avecles nouvelles, et de les comparer, il suffit seulement de vouloir s'en donner la peine. En suivant cet ouvrage, on trouvera diverses notions qui doivent servir à en donner l'entendement.

Si un propriétaire voulait vendre son blé, il ne pourrait le vendre autrement qu'à l'hectolitre, puisque c'est la mesure adoptée; s'il ne connaissait pas la valeur de l'hectolitre, en ce cas, il faudrait chercher combien le boisseau ou la mesure du pays contient de litres; cela connu, il est facile de savoir combien il faut de ces mêmes mesures pour valoir l'hectolitre; et, sachant quel est le prix ordinaire de cette mesure, on est à même de savoir aussi quel est le prix de l'hectolitre. Dans mon pays, le boisseau contient 12 litres et demi, il faut 12 boisseaux pour un setier: donc, le setier contient 150 litres, ou un hectolitre et demi. Quand je sais qu'un setier pourrait être vendu 30 francs, je dis, l'hectolitre vaut 20 francs.

Art. 18. Si une personne voulait acheter de la toile pour faire 10 chemises, elle pourrait dire: autrefois il m'en fallait 20 aunes, combien me faut-il de mètres?

La question est facile à résoudre : il faut chercher combien l'aune contient de centimètres, multiplier la quantité de centimètres contenus dans l'aune, par la quantité d'aunes que l'on veut comparer, et diviser leur produit par 100 centimètres qui représentent le mètre, et on aura au quotient la quantité de mètres correspondants à la longueur des aunes que l'on veut comparer.

Si on voulait comparer 20 aunes de Paris, (on sait que l'aune de Paris est composée de 120 centimètres), on multiplierait 120 par 20 aunes, le produit serait 2,400 ; en divisant ce nombre par 100, on aura au quotient, 24 mètres, qui sont égaux en longueur à 20 aunes.

Maintenant si on veut savoir quel est le prix du mètre sachant que l'aune doit coûter 1 franc 80 centimes, il faut multiplier 1 franc 80 centimes par 20 aunes, le résultat sera 36 francs; en divisant ce nombre, qui est le prix total des 20 aunes, par 24 mètres, on aura 1 franc 50 centimes au quotient, donc 1 franc 50 centimes est le prix du mètre.

MANIÈRE D'EXPRIMER LES NOUVEAUX POIDS ET MESURES.

Art. 19. *Pour dire* 200 *livres* dites 100 kilos.
Pour dire 2 *livres* . . . . dites 1 kilo.
Pour dire 1 *livre*. . . . . dites 1/2 kilo, ou 5 hectogrammes, ou 500 grammes.
Pour dire 1/2 *livre*. . . . . dites 2 hectogrammes et demi, ou 250 gr.
Pour dire 1 *quarteron* . . . . . . dites 125 grammes.
Pour dire 2 *onces* . . . . dites 62 grammes 1/2, ou 62 grammes 50 centigrammes.

Pour dire 1 once.......... dites 31 grammes 25 centigrammes.

Cette démonstration est plutôt pour aider à comprendre le système que pour engager à s'en servir, car il est de toute nécessité d'oublier entièrement les noms des anciens poids, et, pour y parvenir il ne faut point acheter ni vendre aux poids correspondants, il est bien plus facile de s'entendre en suivant le principe métrique, et c'est aussi le moyen d'en connaître l'avantage.

Pour cela il faut diviser le kilo comme il est dit en dixièmes et centièmes, etc., et diviser également en dixièmes et centièmes, etc. le prix du kilo.

Supposons que le prix du kilo soit d'un franc, et qu'on veuille acheter pour 19 sous de marchandise,

Pour 19 *sous*.... on demandera 9 hectos et demi.
Pour 18 *sous*.... » 9 hectos.
Pour 17 *sous*.... » 8 hectos et demi.
Pour 16 *sous*.... » 8 hectos.

Enfin, en continuant, si on veut

Pour 2 *sous*..... on demandera 1 hecto.
Pour 1 *sou*...... » 1/2 hecto.
Et pour 4 *centimes* » 4 décagrammes.
Pour 3 *centimes*.. » 3 décagrammes.
Pour 2 *centimes*.. » 2 décagrammes.
Pour 1 *centime*... » 1 décagramme.

Après cette démonstration, il est facile de voir qu'un hectogramme est la dixième partie du kilogramme, comme le décime, ou 2 sous, est la dixième partie du franc; et qu'un décagramme est la centième partie du kilo, comme un centime est la centième partie du franc. Ainsi, il suffit de savoir combien on veut de dixièmes ou de centièmes de kilos; et, connaissant le prix du kilo, il est bien plus facile de le diviser en dixièmes ou en centièmes, qui sont presque toujours des dixièmes ou centièmes de francs, que de diviser la livre en 16 onces, 1/2 once et 1/4 d'once, qui ne donnaient presque jamais une somme juste sans fraction.

Art. 20. Il y a une grande différence entre la toise et le mètre, et cependant le mètre se divise en beaucoup plus de parties que la toise. La toise, qui avait 6 pieds, se divisait en 864 lignes ; et le mètre, qui n'a que 3 pieds 11 lignes 296 millièmes de lignes, se divise en 1,000 millimètres : ce qui donne l'avantage, en opérant avec cette mesure, d'approcher plus près de la vérité. Aussi, devons-nous chercher à oublier tout ce qui peut nous rappeler à l'idée l'ancien système.

Pour cela, il ne faut point s'occuper des différences qui existent entre les parties qui divisaient la toise, et celles qui divisent le mètre ; il faut chercher à se familiariser avec les expressions des nouvelles qui remplacent les anciennes; ainsi :

Au lieu de dire 1 *toise*,	dites	1 mètre.
Au lieu de dire 1 *pied*,	»	1 décimètre.
Au lieu de dire 1 *pouce*,	»	1 centimètre.
Au lieu de dire 1 *ligne*,	»	1 millimètre.

On fera de même pour les arpents et les ares ; on n'aura point égard à la différence qui existe entre leurs valeurs.

Pour dire 1 *arpent*,	on dira	1 hectare.
Pour dire 1 *perche*,	»	1 are.
Pour exprimer les 1/2,	»	50 centiares.
» » *les* 1/4,	»	25 centiares.
» » *les* 1/5,	»	20 centiares.

MANIÈRE DE CONVERTIR LES ARES EN PERCHES, ET LES PERCHES EN ARES.

Art. 21. La manière de convertir les ares en perches,

et les perches en ares, pourra servir de base à toutes les nouvelles et anciennes mesures qu'on voudra convertir. Si on veut convertir les anciennes mesures en nouvelles, et réciproquement, il suffit de bien connaître la valeur exacte des deux mesures qu'on veut convertir; d'exprimer leur valeur en unités de la même espèce, et de diviser le nombre d'unités trouvé dans l'ancienne mesure, par le nombre trouvé dans la nouvelle, et réciproquement.

D'après ce principe, si on veut convertir des ares en perches, ou des perches en ares, il faut chercher premièrement la quantité de lignes contenue dans la surface d'un mètre carré, qui est un centiare. On sait qu'un mètre a 443 lignes 296 millièmes de lignes de long; si on fait le carré de ce nombre, on aura pour surface 196,511 lignes 14 centièmes de lignes; comme on sait que l'are est composé de 100 centiares, si on veut savoir combien l'are contient de lignes, on multipliera ce nombre par 100, le résultat sera 19,651,114 lignes; à un rien près, cela connu, si on veut savoir combien un are vaut de perches, on cherchera la quantité de lignes contenue dans la perche qu'on voudra convertir.

Supposons qu'on veuille convertir l'are en perches de 22 pieds (mesure des eaux et forêts), on sait que 22 pieds portaient 3,168 lignes; si on fait le carré de ce nombre, on aura 10,036,224 lignes; puis divisant la quantité de lignes trouvée dans l'are par celle trouvée dans la perche, on aura au quotient, en suivant l'ordre des calculs, c'est-à-dire, en forçant, 1 perche 96 centièmes de perche.

Si on voulait convertir la perche en ares ou centiares, on diviserait la quantité de lignes trouvée dans la perche, par celle trouvée dans l'are : pour cela, il faut ajouter deux zéros au nombre 10,036,224 pour le réduire en centièmes de ligne, afin d'obtenir des centièmes au quotient;

puis, divisant ce nombre par 19,651,114, on aura au quotient 0,51 centiares.

En suivant ce principe, on pourra convertir toute autre perche dont la grandeur sera connue.

Voici une autre manière de convertir les ares en perches et réciproquement, et dans laquelle on trouvera un grand avantage, principalement en convertissant les perches en ares.

On sait qu'un are a 10 mètres de côté, et comme 1 mètre contient 1,000 millimètres, le côté d'un are en contient 10,000; si on fait le carré de ce nombre, on aura 100,000,000 de millimètres, nombre contenu dans la surface de l'are; cela connu, il faut chercher la quantité de millimètres contenue dans la perche qu'on veut convertir. Supposons que ce soit la perche (mesure des eaux et forêts, dont la longueur des côtés est de 22 pieds), on dira : dans 22 pieds il y a 3,168 lignes; un mètre, qui contient 1,000 millimètres, contient aussi 443 lignes 296 millièmes de lignes; on aura cette proportion à établir : si 443,296 donnent 1,000, combien donneront 3,168, c'est-à-dire que 443,296 : 1,000 :: 3,168 : x ou 7,146,46. La solution de cette opération fait voir que 22 pieds contiennent 7,146 millimètres, 46 centièmes de millimètres; si on fait le carré de ce nombre, on aura 51,071,891 millimètres qui sont contenus dans la surface d'une perche de 22 pieds; cela une fois connu, si on veut convertir cette perche en are, on divisera 51,071,891 par 100,000,000, et la solution sera 51 centiares; si au contraire on veut convertir l'are en perche, on divisera 100,000,000 par 51,071,891, et la solution sera 1 perche 95 centièmes 80 millionièmes, ou 1 perche 96 centièmes, en forçant suivant l'ordre des calculs.

Art. 22. La règle de trois qui vient de servir à résoudre les opérations précédentes n'a point été démontrée; en voici l'énoncé :

Cette règle est l'opération par laquelle on calcule le quatrième terme d'une proportion dont les trois autres sont connus.

Les opérations les plus simples en commençant sont aussi les plus propres à faire connaître les cas où il est nécessaire d'employer cette règle.

Les signes que l'on emploie entre les termes, sont premièrement les *deux points* : qui donnent l'expression *est à*, c'est-à-dire qui annonce que le premier terme est au second; les *quatre points* : : donnent l'expression *comme*, c'est-à-dire comme le second terme est au troisième terme; les *deux points* : donnent encore l'expression *est à*, c'est-à-dire que le troisième terme est au quatrième ou terme inconnu, qui est représenté par x.

EXEMPLE.

Sachant que quatre hectolitres de blé ont coûté 60 francs, on demande combien coûteront 8 hectolitres ?

4 *est à* 60 *comme* 8 *est à* x.

c'est-à-dire que 4 : 60 : : 8 : x, ou 120, qui est le terme inconnu.

Il est clair que, si 4 hectolitres coûtent 60 francs, 8 hectolitres coûteront 120 francs.

Pour répondre à cette question, il suffit de multiplier 60 par 8, et de diviser leur produit 480 par 4; la solution sera 120.

```
 60
  8
----
480 | 4
    |----
 08 | 120
 00
```

En suivant ce principe, si on voulait savoir combien

18 pieds, c'est-à-dire 2,592 lignes, contiennent de millimètres, sachant qu'un mètre en contient 1,000, et qu'il est composé de 443 lignes 296 millièmes, on a cette proportion à établir :

443,296 : 1,000 : : 2,592 : x.

La réponse à cette question sera 5,847 millimètres 18 centièmes de millimètres.

La règle de trois est simple lorsqu'elle résulte d'une question dont la solution n'exige qu'une proportion ; elle est composée, lorsque l'énoncé renferme plus de trois quantités, et qu'il faut plus d'une proportion pour en obtenir la solution.

Supposons cette question : Un ouvrier a fait 40 mètres de terrasse en 4 jours, en travaillant 12 heures par jour ; on demande combien il pourrait faire de même ouvrage en 6 jours, en travaillant 8 heures par jour ? Cette question conduit à une règle de trois composée, mais que l'on ramène à une règle de trois simple. En raisonnant de cette manière, on regarde 4 jours, à 12 heures par jour, comme 48 heures ; et 6 jours, à 8 heures par jour, également comme 48 heures, de manière que ces deux quantités primitives sont réduites en unités de même espèce, et la question est ramenée à une règle de trois simple, et les proportions qui la résolvent sont, 48 : 40 : : 48 : x, ou 40 terme inconnu.

La réponse sera 40 mètres. Il est clair qu'un ouvrier qui travaille 48 heures en 6 jours, fait le même ouvrage que s'il travaillait 48 heures en 4 jours.

Supposons, en second lieu, que quatre marchands aient placé dans un commerce, une somme de 24,000 francs, avec laquelle ils ont fait un bénéfice de 2,000 francs.

Sachant que le premier a déposé 8,000 francs qui sont restés 12 mois dans le commerce ; le second 6,000 francs qui sont restés 8 mois ; le troisième 4,000 francs qui sont restés 6 mois ; et le quatrième 6,000 francs qui sont restés 4 mois ; on demande quel est le bénéfice de chaque marchand ?

Pour répondre à cette question, il faut considérer que 8,000 francs placés pendant 12 mois, font le même produit que 96,000 feraient en un seul mois ; en effet, 96,000 sont le résultat de la multiplication de 12 par 8 ; si on multiplie également les trois autres sommes par la quantité de mois qu'elles sont restées dans le commerce, on aura pour la seconde, 48,000 ; pour la troisième 24,000 ; et pour la quatrième, également 24,000. En considérant 96 mille, 48 mille, 24 mille et 24 mille comme ayant été placés pour chacun un mois, on réunira ces quatre nombres qui formeront ensemble un total de 192 mille. Cette règle est ramenée à une règle de trois simple et directe ; et, pour en obtenir la solution, on aura à établir les proportions suivantes :

192 : 2,000 :: 96 : x bénéfice du premier. . . . 1,000
192 : 2,000 :: 48 : x bénéfice du deuxième. . . 500
192 : 2,000 :: 24 : x bénéfice du troisième . . . 250
192 : 2,000 :: 24 : x bénéfice du quatrième. . . 250

Quand, dans une règle de trois, les deux quantités primitives sont divisibles par un même nombre, on les divise pour simplifier l'opération. On nomme quantités primitives, les quantités connues et qui sont de même espèce ; les quantités relatives sont aussi de même espèce ; mais l'une d'elle est connue, tandis que l'autre ne l'est pas. Ici, les quantités primitives sont 92 et 96, les relatives sont 2,000 et x, ou terme inconnu : on voit que 192 et 96 ont été divisés par mille. On peut encore simplifier l'opération en divisant 192 et 96 par 8, et les proportions deviendraient

24 : 2,000 :: 12 : x.
24 : 2,000 :: 6 : x.

24 · 2,000 :: 3 : x.

24 : 2,000 :: 3 : x.

Les quantités primitives de ces dernières proportions sont encore divisibles par 3 ; et si on les divise par 3, les proportions se changeront en celles-ci :

8 : 2,000 :: 4 : x.

8 : 2,000 :: 2 : x.

8 : 2,000 :: 1 : x.

8 : 2,000 :: 1 : x.

EXTRACTION DES RACINES CARRÉES.

Art. 23. Cette règle a pour but de connaître le carré d'un nombre, c'est-à-dire que, connaissant la surface d'un terrain de telle forme qu'il soit, on peut savoir quelles seraient les longueurs de ses côtés étant réduites en carré ; elle sert aussi à faire connaître la longueur de différentes lignes sans les mesurer, avec des proportions prises sur des lignes adjacentes à celles dont les longueurs sont inconnues ; elle est d'un grand usage dans la géométrie, la géodésie et la trigonométrie. Il suffit de la pratiquer beaucoup pour savoir la mettre en usage.

Supposons qu'un propriétaire fasse une concession de terrain à prendre carrément dans une grande pièce, et que la valeur du terrain à prendre soit de 2 hectares 82 ares 24 centiares, on demande quelle serait la longueur des côtés du carré ?

```
2, 82, 24 |
1         | 168
---------
1 82
  26
-----------
  26 24
   3 28
-----------
   0 00
```

Pour répondre à cette question, on pose 28,224 mètres qui sont la surface du terrain; on forme des tranches de deux chiffres en les séparant par des virgules, ayant soin de commencer par la droite du nombre; et quand le nombre est impair, il ne reste qu'un chiffre à la gauche. Ici, pour opérer, on dit le carré de 2 est 1, on pose 1 au quotient et on place ce même chiffre 1 sous le 2, puis opérant comme sur une division, on dira une fois 1 est 1, de 2 reste 1; ensuite, on abaisse la première tranche de 2 chiffres qui est 82, on double le chiffre du quotient, le double de 1 est 2 que l'on pose sous le deuxième chiffre de droite du reste 182 qui est 8; on regardera combien 18 contient de fois 2, en observant que la quantité de fois 2 contenue dans 18 sera écrite au quotient, et sous le premier chiffre de droite du nombre 182, opérant sur ce chiffre comme sur le précédent, on a pour reste 26, on abaisse la dernière tranche 24, on double le quotient 16, le double de 16 est 32 qu'on place sous le nombre 2,624, ayant soin de laisser un chiffre libre à la droite de ce nombre sous lequel on doit écrire la quantité de fois que 32 est contenue dans 226 : cette quantité est 8, on écrit 8 au quotient et à la droite de 32, puis, opérant comme sur les nombres précédents, on a la solution sans reste; ce qui démontre que 168 sont la longueur des côtés du carré; on le prouve en faisant le carré de 168, on retrouve 28,224.

La racine carrée d'un nombre est le plus grand carré contenu dans ce nombre; ainsi le carré de 25 est 5; car pour prouver qu'un chiffre est le carré d'un nombre, il faut que la multiplication de ce chiffre par lui-même, reproduise le même nombre; ainsi, 5 fois 5 font 25, donc 5 est le carré de 25 sans reste; mais il est également le carré de 28, de 32, de 35 sauf le reste à extraire; mais

6 est le carré de 36, puisque l'on peut reproduire 36 en faisant le carré de 6.

Quand le reste d'un nombre, dont on extrait la racine carrée, ne peut pas contenir le double de la racine déjà trouvée, on le réduit en centièmes et millièmes ; et quand un nombre est réduit en centièmes ou millièmes, on ne peut avoir pour racine que des centièmes et des millièmes. Cela se fait en ajoutant 4 zéros à la droite du reste, c'est-à-dire deux tranches de zéros, puis, continuant de doubler la racine du quotient, et opérant comme sur le nombre entier, on obtient des centièmes. On suivra le même principe pour obtenir des millièmes, et on négligera le reste; car, dans un nombre dont le carré n'est pas exactement contenu sans reste, le reste se continue à l'infini.

Prenons pour exemple le nombre 8 mètres, dont on veut connaître la racine :

8		
2	2, 82, 84	2, 8284
400		2, 8284
48		11 3136
1600		226 272
562		565 68
47600		2 2627 2
5648		5 6568
241600		7, 9998 4656
56564		1
15344		800

On voit, d'après l'exemple, que la racine carrée de 8, est 2 mètres 82 centièm. 84 dix-millièm.; à un rien près on le prouve en faisant le carré de 2, 82 84, le résultat est 7 mètres 99 centimètres 98 millimètres carrés, en négligeant les 10 millièmes et millioniêmes restants.

Si, en suivant l'ordre des calculs décimaux, on force, 98 millièmes vaudront 1 centième; si on ajoute ce centième aux 99 centièmes, on aura une unité, et le nombre 8 sera reproduit.

TABLES DE CONVERSION

DES

MESURES AGRAIRES.

INSTRUCTION.

Si on veut trouver dans les tableaux suivants combien un are donne de perches, on cherchera la colonne en tête de laquelle il est écrit : *ares en perches de* 22 *pieds*, on verra à la première ligne, qu'un are produit 1 perche 96 centièmes de perche; si on veut savoir combien 10 ares produisent de perches, on cherchera le nombre 10 dans le même filet, et on trouvera à côté 19 perches 58 centièmes; on verra aussi à la dernière ligne, que 100 ares ou 1 hectare, donne 195, 80; enfin, le premier filet de chaque colonne renferme la quantité d'ares, et le nombre qui précède est la quantité de perches qu'ils produisent; on suivra le même principe pour les perches en ares.

Si on veut savoir combien 52 ares donnent de perches, mesure de 22 pieds, on cherchera le nombre 2, on trouvera à côté 3, 92, et le nombre 50 qui donne 97, 90; en réunissant ces deux quantités, on verra que 52 ares produisent 101 perches 82 centièmes. Par ce moyen, il n'est pas de quantité qu'on ne puisse trouver dans les tableaux.

Ces tableaux, qui servent à réduire les ares en perches, peuvent servir également à connaître le prix de l'hectare, connaissant le prix de l'arpent, chose qui peut être très-utile aux cultivateurs pour les labours et les coupes des grains.

Pour cela, on cherchera dans les filets qui comprennent les ares, et, au lieu de donner au nombre l'expression ares, on les nommera francs, et le nombre qui précède sur la même ligne, qui exprime des perches, sera le prix de l'hectare en le nommant franc.

Si on veut connaître le prix de l'hectare, quand on sait qu'un arpent, dont la perche est de 22 pieds, vaut 8 francs, on cherchera dans le filet en tête duquel il est écrit *are*, le nombre 8 qu'on nommera 8 francs, et le nombre 15, 66 qui suit sur la même ligne, sera le prix de l'hectare : donc, l'hectare vaudrait 15 francs 66 centimes. On trouvera dans la même colonne que, si un arpent coûtait 4 francs, l'hectare coûterait 7 francs 83 centimes; s'il coûtait 10 francs, l'hectare coûterait 19 francs 58 centimes.

Enfin, on suivra le même principe pour chaque prix, ayant soin de se reporter à la mesure de la perche qui compose l'arpent dont on connaît le prix, pourvu que l'arpent soit de 100 perches.

On suivra le même principe pour trouver le prix de l'arpent dans les tableaux qui réduisent les perches en ares.

CONVERSION DES ARES EN PERCHES.

Ares en perches de 16 pieds.		Ares en perches de 16 pieds 4 pouces.		Ares en perches de 17 pieds.		Ares en perches de 17 pieds 4 pouces.		Ares en perches de 18 pieds.		Ares en perches de 18 pieds 3 pouces.	
are	p^ch c^t	are	p^ch c^t	are	p^ch c^t	are	p^ch c^t	are	p^ch c^t	are	p^ch c^t
1	donne 3, $\frac{70}{100}$	1	donne 3, $\frac{55}{100}$	1	donne 3, $\frac{28}{100}$	1	donne 3, $\frac{15}{100}$	1	donne 2, $\frac{92}{100}$	1	donne 2, $\frac{85}{100}$
2	7, 40	2	7, 10	2	6, 56	2	6, 31	2	5, 85	2	5, 69
3	11, 11	3	10, 66	3	9, 84	3	9, 46	3	8, 77	3	8, 50
4	14, 81	4	14, 21	4	13, 12	4	12, 62	4	11, 70	4	11, 38
5	18, 51	5	17, 76	5	16, 40	5	15, 77	5	14, 62	5	14, 23
6	22, 21	6	21, 31	6	19, 68	6	18, 93	6	17, 55	6	17, 07
7	25, 91	7	24, 87	7	22, 95	7	22, 08	7	20, 47	7	19, 92
8	29, 62	8	28, 42	8	26, 23	8	25, 23	8	23, 40	8	22, 76
9	33, 32	9	31, 97	9	29, 51	9	28, 39	9	26, 32	9	25, 61
10	37, 02	10	35, 52	10	32, 79	10	31, 54	10	29, 25	10	28, 45
20	74, 04	20	71, 05	20	65, 58	20	63, 09	20	58, 50	20	56, 91
30	111, 06	30	106, 57	30	98, 38	30	94, 63	30	87, 75	30	85, 36
40	148, 08	40	142, 09	40	131, 17	40	126, 17	40	117, 00	40	113, 81
50	185, 09	50	177, 61	50	163, 96	50	157, 71	50	146, 24	50	142, 26
60	222, 11	60	213, 14	60	196, 95	60	189, 26	60	175, 49	60	170, 72
70	259, 13	70	248, 66	70	229, 54	70	220, 80	70	204, 74	70	199, 17
80	296, 15	80	284, 18	80	262, 34	80	252, 34	80	233, 99	80	227, 62
90	333, 17	90	319, 71	90	295, 13	90	283, 89	90	263, 24	90	256, 08
100	370, 19	100	355, 23	100	327, 92	100	315, 43	100	292, 49	100	284, 53

Ares en perches de 18 pieds 4 pouces.		Ares en perches de 18 pieds 6 pouces.		Ares en perches de 19 pieds.		Ares en perches de 19 pieds 4 pouces.		Ares en perches de 20 pieds.		Ares en perches de 20 pieds 4 pouces.	
arc	p^{ch} c^{t}	are	p^{ch} c^{t}	are	p^{ch} c^{t}	are	p^{ch} c^{t}	are	p^{ch} c^{t}	are	p^{ch} c^{t}
1	donne 2, $\frac{82}{100}$	1	donne 2, 76	1	donne 2, $\frac{62}{100}$	1	donne 2, $\frac{54}{100}$	1	donne 1, 37	1	donne 2, $\frac{29}{100}$
2	5, 64	2	5, 53	2	5, 25	2	5, 07	2	4, 74	2	4, 58
3	8, 46	3	8, 30	3	7, 87	3	7, 61	3	7, 11	3	6, 88
4	11, 28	4	11, 07	4	10, 50	4	10, 14	4	9, 48	4	9, 17
5	14, 10	5	13, 84	5	13, 12	5	12, 68	5	11, 85	5	11, 46
6	16, 92	6	16, 61	6	15, 75	6	15, 21	6	14, 22	6	13, 75
7	19, 74	7	19, 38	7	18, 38	7	17, 75	7	16, 58	7	16, 04
8	22, 56	8	22, 15	8	21, 00	8	20, 28	8	18, 95	8	18, 34
9	25, 38	9	24, 92	9	23, 63	6	22, 82	9	21, 32	9	20, 63
10	28, 19	10	27, 69	10	26, 25	10	25, 35	10	23, 69	10	22, 92
20	56, 39	20	55, 38	20	52, 50	20	50, 71	20	47, 38	20	45, 84
30	84, 58	30	83, 07	30	78, 75	30	76, 06	30	71, 08	30	68, 76
40	112, 78	40	110, 76	40	105, 00	40	101, 42	40	94, 77	40	91, 68
50	140, 97	50	138, 45	50	131, 25	50	126, 77	50	118, 46	50	114, 60
60	169, 17	60	166, 14	60	157, 50	60	152, 12	60	142, 15	60	137, 53
70	197, 36	70	193, 83	70	183, 75	70	177, 48	70	165, 84	70	160, 45
80	225, 56	80	221, 52	80	210, 00	80	202, 83	80	189, 54	80	183, 37
90	253, 75	90	249, 21	90	236, 25	90	228, 19	90	213, 23	90	206, 29
100	281, 95	100	276, 90	100	262, 50	100	253, 54	100	236, 92	100	229, 22

Ares en perches de 21 pieds.		Ares en perches de 21 pieds 4 pouces.		Ares en perches de 22 pieds.		Ares en perches de 22 pieds 3 pouces.		Ares en perches de 22 pieds 4 pouces.		Ares en perches de 22 pieds 6 pouces.	
are	p^ch c^t	are	p^ch c^t	are	p^ch c^t	are	p^ch c^t	are	p^ch c^t	are	p^ch c^t
1	donne 2, $\frac{15}{100}$	1	donne 2, $\frac{08}{100}$	1	donne 1, $\frac{96}{100}$	1	donne 1, $\frac{91}{100}$	1	donne 1, $\frac{90}{100}$	1	donne 1, $\frac{87}{100}$
2	4, 30	2	4, 16	2	3, 92	2	3, 83	2	3, 80	2	3, 74
3	6, 44	3	6, 25	3	5, 87	3	5, 74	3	5, 70	3	5, 62
4	8, 59	4	8, 33	4	7, 83	4	7, 66	4	7, 60	4	7, 49
5	10, 74	5	10, 41	5	9, 79	5	9, 57	5	9, 50	5	9, 36
6	12, 89	6	12, 49	6	11, 75	6	11, 49	6	11, 40	6	11, 23
7	15, 04	7	14, 58	7	13, 71	7	13, 40	7	13, 30	7	13, 10
8	17, 19	8	16, 66	8	15, 66	8	15, 30	8	15, 20	8	14, 98
9	19, 34	9	18, 74	9	17, 62	9	17, 22	9	17, 10	9	16, 85
10	21, 49	10	20, 82	10	19, 58	10	19, 14	10	19, 00	10	18, 72
20	42, 98	20	41, 65	20	39, 16	20	38, $\frac{28}{100}$	20	38, 00	20	37, 44
30	64, 47	30	62, 47	30	58, 74	30	57, 43	30	56, 99	30	56, 16
40	85, 96	40	83, 29	40	78, 32	40	76, 57	40	75, 99	40	74, 88
50	107, 45	50	104, 11	50	97, 90	50	95, 71	50	94, 99	50	93, 60
60	128, 94	60	124, 94	60	117, 48	60	114, 85	60	113, 99	60	112, 31
70	150, 43	70	145, 76	70	137, 06	70	133, 99	70	132, 99	70	131, 03
80	171, 92	80	166, 58	80	156, 64	80	153, 14	80	151, 98	80	149, 75
90	193, 41	90	187, 41	90	176, 22	90	172, 28	90	170, 98	90	168, 47
100	214, 90	100	208, 23	100	195, 80	100	191, 42	100	189, 98	100	187, 19

Ares en perches de 23 pieds.		Ares en perches de 23 pieds 4 pouces.		Ares en perches de 24 pieds.		Ares en perches de 24 pieds 4 pouces.		Ares en perches de 25 pieds.		Ares en perches de 25 pieds 4 pouces.	
are	p^{ch} c^{t}	are	p^{ch} c^{t}	are	p^{ch} c^{t}	are	p^{ch} c^{t}	are	p^{ch} c^{t}	are	p^{ch} c^{t}
1	donne 1, $\frac{79}{100}$	1	donne 1, $\frac{74}{100}$	1	donne 1, 65	1	donne 1, 60	1	donne 1, 52	1	donne 1, 48
2	3, 58	2	3, 48	2	3, 29	2	3, 20	2	3, 03	2	2, 95
3	5, 37	3	5, 22	3	4, 94	3	4, 80	3	4, 55	3	4, 43
4	7, 17	4	6, 96	4	6, 58	4	6, 40	4	6, 06	4	5, 91
5	8, 96	5	8, 70	5	8, 23	5	8, 00	5	7, 58	5	7, 38
6	10, 75	6	10, 44	6	9, 87	6	9, 60	6	9, 09	6	8, 86
7	12, 54	7	12, 18	7	11, 52	7	11, 20	7	10, 61	7	10, 34
8	14, 33	8	13, 92	8	13, 16	8	12, 80	8	12, 12	8	11, 81
9	16, 12	9	15, 67	9	14, 81	9	14, 40	9	13, 64	9	13, 29
10	17, 91	10	17, 41	10	16, 45	10	16, 00	10	15, 16	10	14, 77
20	35, 83	20	34, 81	20	32, 90	20	32, 01	20	30, 31	20	29, 53
30	53, 74	30	52, 22	30	49, 36	30	48, 02	30	45, 47	30	44, 30
40	71, 66	40	69, 62	40	65, 81	40	64, 02	40	60, 62	40	59, 07
50	89, 57	50	87, 03	50	82, 26	50	80, 03	50	75, 78	50	73, 83
60	107, 48	60	104, 44	60	98, 71	60	96, 04	60	90, 93	60	88, 60
70	125, 40	70	121, 84	70	115, 16	70	112, 04	70	106, 09	70	103, 37
80	143, 31	80	139, 25	80	131, 62	80	128, 04	80	121, 24	80	118, 13
90	161, 23	90	156, 65	90	148, 07	90	144, 05	90	136, 40	90	132, 90
100	179, 14	100	174, 06	100	164, 52	100	160, 05	100	151, 55	100	147, 67

Ares en perches de 26 pieds.		Ares en perches de 26 pieds 4 pouces.		Ares en perches de 27 pieds.		Ares en perches de 27 pieds 4 pouces.		Ares en perches de 28 pieds.		Ares en perches de 28 pieds 4 pouces.	
are	p^{ch} c^{t}	are	p^{ch} c^{t}	are	p^{ch} c^{t}	are	p^{ch} c^{t}	are	p^{ch} c^{t}	are	p^{ch} c^{t}
1	donne 1, 40	1	donne 1, 37	1	donne 1, 30	1	donne 1, 27	1	donne 1, 21	1	donne 1, 18
2	2, 80	2	2, 73	2	2, 60	2	2, 54	2	2, 42	2	2, 36
3	4, 21	3	4, 10	3	3, 99	3	3, 81	3	3, 63	3	3, 54
4	5, 61	4	5, 47	4	5, 20	4	5, 07	4	4, 84	4	4, 72
5	7, 01	5	6, 83	5	6, 50	5	6, 34	5	6, 04	5	5, 90
6	8, 41	6	8, 20	6	7, 80	6	7, 61	6	7, 25	6	7, 08
7	9, 81	7	9, 57	7	9, 10	7	8, 88	7	8, 46	7	8, 26
8	11, 22	8	10, 93	8	10, 40	8	10, 15	8	9, 67	8	9, 44
9	12, 62	9	12, 30	9	11, 70	9	11, 42	9	10, 88	9	10, 62
10	14, 02	10	13, 67	10	13, 00	10	12, 68	10	12, 09	10	11, 80
20	28, 04	20	27, 33	20	26, 00	20	25, 37	20	24, 17	20	23, 61
30	42, 06	30	41, 00	30	39, 00	30	38, 05	30	36, 26	30	35, 41
40	56, 08	40	54, 67	40	52, 00	40	50, 74	40	48, 35	40	47, 22
50	70, 10	50	68, 33	50	65, 00	50	63, 42	50	60, 44	50	59, 03
60	84, 11	60	82, 00	60	78, 00	60	76, 11	60	72, 53	60	70, 83
70	98, 13	70	95, 66	70	91, 00	70	88, 79	70	84, 61	70	82, 64
80	112, 15	80	109, 33	80	104, 00	80	101, 48	80	96, 70	80	94, 44
90	126, 17	90	123, 00	90	117, 00	90	114, 16	90	108, 79	90	106, 25
100	140, 19	100	136, 66	100	130, 00	100	126, 85	100	120, 88	100	118, 05

CONVERSION DES PERCHES EN ARES.

Perches de 16 pieds en ares.		Perches de 16 pieds 4 pouces en ares.		Perches de 17 pieds en ares.		Perches de 17 pieds 4 pouces en ares.		Perches de 18 pieds en ares.		Perches de 18 pieds 3 pouces en ares.	
p^{ch}	a^{re} c^{t}	p^{ch}	a^{re} c^{t}	p^{ch}	a^{re} c^{t}	p^{ch}	a^{re} c^{t}	p^{ch}	a^{re} c^{t}	p^{ch}	a^{re} c^{t}
1	donne 0, 27	1	donne 0, 28	1	donne 0, 30	1	donne 0, 32	1	donne 0, 34	1	donne 0, 35
2	0, 54	2	0, 56	2	0, 61	2	0, 63	2	0, 68	2	0, 70
3	0, 81	3	0, 84	3	0, 91	3	0, 95	3	1, 03	3	1, 05
4	1, 08	4	1, 13	4	1, 22	4	1, 27	4	1, 37	4	1, 41
5	1, 35	5	1, 41	5	1, 52	5	1, 59	5	1, 71	5	1, 76
6	1, 62	6	1, 69	6	1, 83	6	1, 90	6	2, 05	6	2, 11
7	1, 89	7	1, 97	7	2, 13	7	2, 22	7	2, 39	7	2, 46
8	2, 16	8	2, 25	8	2, 44	8	2, 54	8	2, 73	8	2, 81
9	2, 43	9	2, 53	9	2, 74	9	2, 85	9	3, 08	9	3, 16
10	2, 70	10	2, 81	10	3, 05	10	3, 17	10	3, 42	10	3, 51
20	5, 40	20	5, 63	20	6, 10	20	6, 34	20	6, 84	20	7, 03
30	8, 10	30	8, 45	30	9, 15	30	9, 51	30	10, 26	30	10, 54
40	10, 80	40	11, 26	40	12, 20	40	12, 68	40	13, 68	40	14, 06
50	13, 51	50	14, 08	50	15, 25	50	15, 85	50	17, 09	50	17, 57
60	16, 21	60	16, 89	60	18, 30	60	19, 02	60	20, 51	60	21, 09
70	18, 91	70	19, 71	70	21, 35	70	22, 19	70	23, 93	70	24, 60
80	21, 61	80	22, 52	80	24, 40	80	25, 36	80	27, 35	80	28, 12
90	24, 31	90	25, 34	90	27, 45	90	28, 53	90	30, 77	90	31, 63
100	27, 01	100	28, 15	100	30, 50	100	31, 70	100	34, 19	100	35, 14

Perches de 18 pieds 4 pouces en ares.		Perches de 18 pieds 6 pouces en ares.		Perches de 19 pieds en ares,		Perches de 19 pieds 4 pouces en ares.		Perches de 20 pieds en ares		Perches de 20 pieds 4 pouces en ares.	
p^ch	a^re c^t	p^ch	a^re c^t	p^ch	a^re c^t	p^ch	a^re c^t	p^ch	a^re c^t	p^ch	a^re c^t
1	donne 0, 35	1	donne 0, 36	1	donne 0, 38	1	donne 0, 39	1	donne 0, 42	1	donne 0, 44
2	0, 71	2	0, 72	2	0, 76	2	0, 79	2	0, 84	2	0, 87
3	1, 06	3	1, 08	3	1, 14	3	1, 18	3	1, 27	3	1, 31
4	1, 42	4	1, 44	4	1, 52	4	1, 58	4	1, 69	4	1, 74
5	1, 77	5	1, 81	5	1, 90	5	1, 97	5	2, 11	5	2, 18
6	2, 13	6	2, 17	6	2, 29	6	2, 37	6	2, 53	6	2, 62
7	2, 48	7	2, 53	7	2, 67	7	2, 76	7	2, 95	7	3, 05
8	2, 84	8	2, 89	8	3, 05	8	3, 16	8	3, 38	8	3, 49
9	3, 19	9	3, 25	9	3, 43	9	3, 55	9	3, 80	9	3, 93
10	3, 55	10	3, 61	10	3, 81	10	3, 94	10	4, 22	10	4, 36
20	7, 09	20	7, 22	20	7, 62	20	7, 89	20	8, 44	20	8, 73
30	10, 64	30	10, 83	30	11, 43	30	11, 83	30	12, 66	30	13, 09
40	14, 19	40	14, 45	40	15, 24	40	15, 78	40	16, 88	40	17, 45
50	17, 73	50	18, 06	50	19, 05	50	19, 72	50	21, 10	50	21, 81
60	21, 28	60	21, 67	60	22, 86	60	23, 66	60	25, 32	60	26, 18
70	24, 83	70	25, 28	70	26, 66	70	27, 61	70	29, 55	70	30, 54
80	28, 37	80	28, 89	80	30, 47	80	31, 55	80	33, 77	80	34, 90
90	31, 92	90	32, 50	90	34, 28	90	35, 50	90	37, 99	90	39, 26
100	35, 47	100	36, 11	100	38, 09	100	39, 44	100	42, 21	100	43, 63

Perches de 21 pieds en ares.		Perches de 21 pieds 4 pouces en ares.		Perches de 22 pieds en ares.		Perches de 22 pieds 3 pouces en ares.		Perches de 22 pieds 4 pouces en ares.		Perches de 22 pieds 6 pouces en ares.	
p^ch	a^re c^t	p^ch	a^re c^t	p^ch	a^re c^t	p^ch	a^re c^t	p^ch	a^re c^t	p^ch	a^re c^t
1	donne 0, 46	1	donne 0, 48	1	donne 0, 51	1	donne 0, 52	1	donne 0, 53	1	donne 0, 53
2	0, 93	2	0, 96	2	1, 02	2	1, 04	2	1, 05	2	1, 07
3	1, 40	3	1, 44	3	1, 53	3	1, 57	3	1, 58	3	1, 60
4	1, 86	4	1, 92	4	2, 04	4	2, 09	4	2, 10	4	2, 14
5	2, 33	5	2, 40	5	2, 55	5	2, 61	5	2, 63	5	2, 67
6	2, 79	6	2, 88	6	3, 06	6	3, 13	6	3, 16	6	3, 21
7	3, 26	7	3, 36	7	3, 57	7	3, 66	7	3, 68	7	3, 74
8	3, 72	8	3, 84	8	4, 09	8	4, 18	8	4, 21	8	4, 27
9	4, 19	9	4, 32	9	4, 60	9	4, 70	9	4, 73	9	4, 81
10	4, 65	10	4, 80	10	5, 11	10	5, 22	10	5, 26	10	5, 34
20	9, 31	20	9, 60	20	10, 21	20	10, 45	20	10, 52	20	10, 68
30	13, 96	30	14, 41	30	15, 32	30	15, 67	30	15, 78	30	16, 02
40	18, 61	40	19, 21	40	20, 43	40	20, 90	40	21, 04	40	21, 37
50	23, 27	50	24, 01	50	25, 54	50	26, 12	50	26, 31	50	26, 71
60	27, 92	60	28, 81	60	30, 64	60	31, 34	60	31, 57	60	32, 05
70	32, 57	70	33, 62	70	35, 75	70	36, 57	70	36, 83	70	37, 39
80	37, 23	80	38, 42	80	40, 86	80	41, 79	80	42, 09	80	42, 74
90	41, 88	90	43, 22	90	45, 96	90	47, 02	90	47, 35	90	48, 08
100	46, 53	100	48, 02	100	51, 07	100	52, 24	100	52, 61	100	53, 42

Perches de 23 pieds en ares.		Perches de 23 pieds 4 pouces en ares.		Perches de 24 pieds en ares.		Perches de 24 pieds 4 pouces en ares.		Perches de 25 pieds en ares.		Perches de 25 pieds 4 pouces en ares	
p^ch	a^re c^t	p^ch	a^re c^t	p^ch	a^re c^t	p^ch	a^re c^t	p^ch	a^re c^t	p^ch	a^re c^t
1	donne 0, 56	1	donne 0, 57	1	donne 0, 61	1	donne 0, 62	1	donne 0, 66	1	donne 0, 68
2	1, 12	2	1, 15	2	1, 22	2	1, 25	2	1, 32	2	1, 35
3	1, 67	3	1, 72	3	1, 82	3	1, 87	3	1, 98	3	2, 03
4	2, 23	4	2, 30	4	2, 43	4	2, 50	4	2, 64	4	2, 71
5	2, 79	5	2, 87	5	3, 04	5	3, 12	5	3, 30	5	3, 39
6	3, 35	6	3, 45	6	3, 65	6	3, 75	6	3, 96	6	4, 06
7	3, 91	7	4, 02	7	4, 25	7	4, 37	7	4, 62	7	4, 74
8	4, 47	8	4, 60	8	4, 86	8	5, 00	8	5, 28	8	5, 42
9	5, 02	9	5, 17	9	5, 47	9	5, 62	9	5, 94	9	6, 09
10	5, 58	10	5, 74	10	6, 08	10	6, 25	10	6, 59	10	6, 77
20	11, 16	20	11, 49	20	12, 16	20	12, 50	20	13, 19	20	13, 54
30	16, 75	30	17, 23	30	18, 23	30	18, 74	30	19, 79	30	20, 32
40	22, 33	40	22, 98	40	24, 31	40	24, 99	40	26, 38	40	27, 09
50	27, 91	50	28, 72	50	30, 39	50	31, 24	50	32, 98	50	33, 86
60	33, 49	60	34, 47	60	36, 47	60	37, 49	60	39, 57	60	40, 63
70	39, 07	70	40, 21	70	42, 55	70	43, 74	70	46, 17	70	47, 40
80	44, 66	80	45, 96	80	48, 62	80	49, 98	80	52, 76	80	54, 18
90	50, 24	90	51, 70	90	54, 70	90	56, 23	90	59, 36	90	60, 95
100	55, 82	100	57, 45	100	60, 78	100	62, 48	100	65, 95	100	67, 72

Perches de 26 pieds en ares.		Perches de 26 pieds 4 pouces en ares.		Perches de 27 pieds en ares.		Perches de 27 pieds 4 pouces en ares.		Perches de 28 pieds en ares.		Perches de 28 pieds 4 pouces en ares.	
p^ch	a^re c^t	p^ch	a^re c^t	p^ch	a^re c^t	p^ch	a^re c^t	p^ch	a^re c^t	p^ch	a^re c^t
1	donne 0, 71	1	donne 0, 73	1	donne 0, 77	1	donne 0, 79	1	donne 0, 83	1	donne 0, 85
2	1, 43	2	1, 46	2	1, 54	2	1, 58	2	1, 66	2	1, 69
3	2, 14	3	2, 20	3	2, 31	3	2, 36	3	2, 48	3	2, 54
4	2, 85	4	2, 93	4	3, 08	4	3, 15	4	3, 31	4	3, 39
5	3, 57	5	3, 66	5	3, 85	5	3, 94	5	4, 14	5	4, 24
6	4, 28	6	4, 39	6	4, 62	6	4, 73	6	4, 96	6	5, 08
7	4, 99	7	5, 12	7	5, 38	7	5, 52	7	5, 79	7	5, 93
8	5, 71	8	5, 85	8	6, 15	8	6, 31	8	6, 62	8	6, 78
9	6, 42	9	6, 59	9	6, 92	9	7, 10	9	7, 45	9	7, 62
10	7, 13	10	7, 32	10	7, 69	10	7, 88	10	8, 27	10	8, 47
20	14, 26	20	14, 63	20	15, 38	20	15, 77	20	16, 55	20	16, 94
30	21, 40	30	21, 95	30	23, 08	30	23, 65	30	24, 82	30	25, 41
40	28, 53	40	29, 27	40	30, 77	40	31, 53	40	33, 09	40	33, 88
50	35, 67	50	36, 59	50	38, 46	50	39, 42	50	41, 36	50	42, 35
60	42, 80	60	43, 90	60	46, 15	60	47, 30	60	49, 64	60	50, 83
70	49, 93	70	51, 22	70	53, 85	70	55, 19	70	57, 91	70	59, 30
80	57, 07	80	58, 54	80	61, 54	80	63, 07	80	66, 18	80	67, 77
90	64, 20	90	65, 86	90	69, 23	90	70, 95	90	74, 46	90	76, 23
100	71, 33	100	73, 17	100	76, 92	100	78, 84	100	82, 73	100	84, 71

TRAITÉ

DU

MESURAGE DE SURFACE

ET DE CUBE.

Le mesurage des terrains appartient principalement à ceux qui savent manier les instruments de géométrie, tels que : équerre, graphomètre, boussole, planchette, etc.; mais on peut, avec les calculs, et sans se servir d'aucun instrument, trouver la surface d'une grande quantité de figures et même en rapporter le plan figuré.

Il existe aussi une grande quantité de choses sur lesquelles il est difficile d'opérer avec des instruments, tels que : plancher, carrelage, pavage, etc., et dont on a plus tôt trouvé la surface par les calculs qu'avec les instruments; car, après les instruments, il faut encore calculer.

Un terrain, un plancher, un carrelage, etc., représente toujours une figure quelconque, telle que : quadrilatère, rectangle, trapèze, parallélogramme, triangle, etc. On trouve la surface de chacune de ces figures par un moyen particulier adopté pour elles. En suivant ce petit traité, on trouvera qu'un seul moyen suffit pour trouver la surface de telle figure que ce soit, pourvu qu'elles soient accessibles : ce qui mettra toutes les personnes qui sauront calculer à même de se rendre compte ; car tout le monde ne peut pas apprendre la géométrie, mais tout le monde peut bien apprendre à calculer, et surtout quand il n'y a qu'un seul et même moyen à pratiquer. Néanmoins, pour le développement, je vais donner quelques notions abrégées sur la manière de mesurer différentes figures avec les instruments ; les moyens seront très faciles à comprendre, attendu que les calculs seront faits, dans le principe, au-dessous des figures.

On saura que deux petits traits égaux et placés l'un sur l'autre =, donnent l'expression *égaux* ; c'est-à-dire que la longueur d'une ligne comprise entre deux lettres, sera représentée ainsi **A B** = à **25**, ce qui exprime que la distance entre **A** et **B** est de **25** mètres.

On nomme quadrilatère, ou carré parfait, une figure qui a ses quatre côtés égaux et ses angles droits.

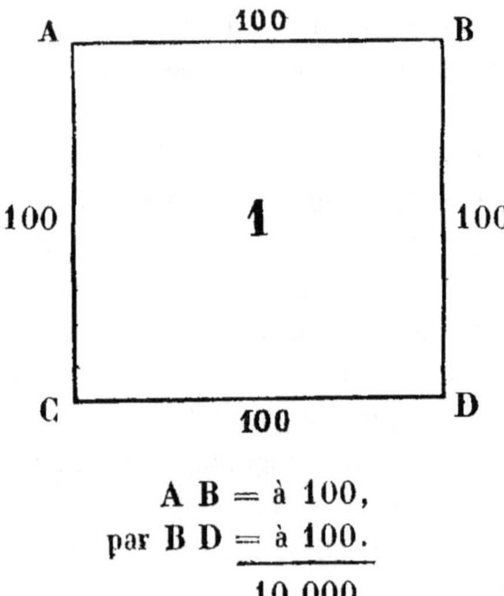

A B = à **100**,
par **B D** = à **100**.

10,000.

On connaît la surface d'un quadrilatère, figure 1, en faisant le carré de l'un de ses côtés : il est clair que, faisant le carré de 100, on obtient 10,000; c'est la même chose que si on multipliait A B = à 100 mètres par B D = à 100 mètres : ce qui fait voir qu'on peut toujours connaître la surface d'un carré en multipliant sa longueur par sa largeur.

On nomme rectangle, ou carré long, une figure qui a ses côtés opposés égaux et parallèles, et ses angles égaux.

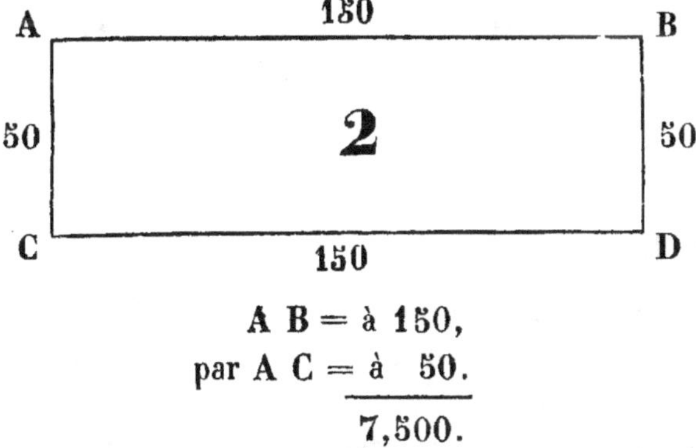

A B = à 150,
par A C = à 50.

7,500.

On connaît la surface d'un rectangle, figure 2, en multipliant sa longueur par sa largeur; en effet, si on multiplie A B = à 150 mètres par A C = à 50 mètres, on aura pour surface 7,500 mètres, ce qui fait voir que plus un terrain est carré, plus il est grand, quoique n'ayant en tout que la même grandeur pour ses quatre côtés.

Le rectangle, figure 2, a 400 mètres de côté et ne produit que 7,500 mètres de surface, tandis que le quadrilatère, figure 1re, n'a également que 400 mètres de côté et produit 10,000 mètres; c'est ce qui prouve qu'un terrain qui serait renfermé dans un cercle qui n'aurait que 400 mètres de circonférence, serait plus grand qu'un quadrilatère qui n'aurait également que **400** mètres de côté.

On nomme trapèze une figure qui a seulement deux côtés parallèles ; il y a des trapèzes de plusieurs formes.

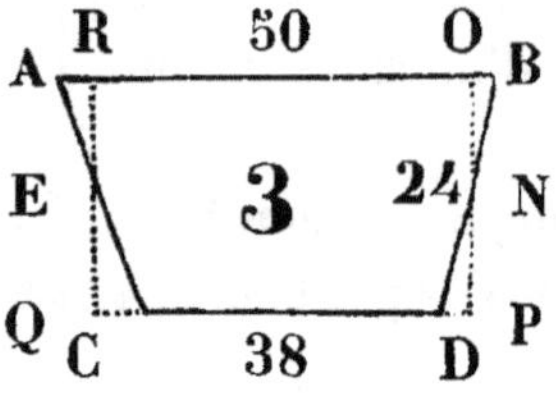

A R 50 O B
E 3 24 N
Q C 38 D P

A B = à 50,	44,
	par O P = à 24,
C D = à 38,	176
88.	88
Moyenne 44.	1,056.

On trouve la surface du trapèze, figure 3, en cherchant la moyenne des deux parallèles, puis multipliant cette moyenne par sa largeur.

Si on fait la moyenne entre **A B** = à **50** mètres et **C D** = à **38** mètres, on a pour terme moyen **44**, ce qui transforme ce trapèze en un rectangle **RQPO** qui lui est égal ; si on mesure la largeur **O P** ou **R Q** = à **24** mètres, le résultat de la multiplication **44** par **24** sera **1,056** ; il est aisé de voir que le rectangle **R Q O P** est égal au trapèze **A D B C**, puisque le triangle **D P N**, qui est emprunté sur le terrain riverain, est égal au triangle **O B N** qui est cédé du trapèze ; il en est de même pour les triangles **A R E** et **E Q C**.

Pour trouver la surface d'un trapèze quelconque, il suffit de chercher la moyenne entre ses deux parallèles et élever une perpendiculaire d'une parallèle à l'autre pour en obtenir la largeur exacte.

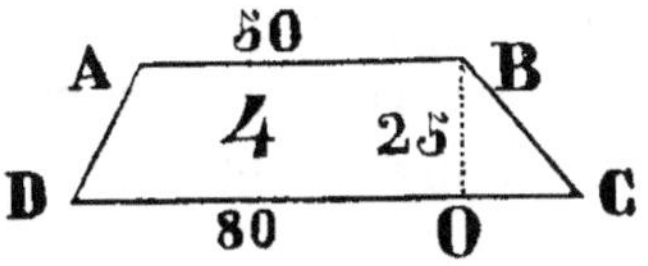

A B = à 50,
D C = à 80,

130,

moyenne 65,
par 25,

325
130

1625.

La surface du trapèze, figure 4, est de 1,625 mètres par le produit de la moyenne 65, avec la perpendiculaire 25.

On nomme parallélogramme, une figure qui a ses côtés opposés égaux et parallèles, et ses angles opposés égaux.

La surface du parallélogramme, figure 5, se trouve en multipliant sa longueur par sa largeur; pour cela on élève une perpendiculaire A M sur la base B D ; puis, multipliant B D = à 85 mètres par A M = à 30 mètres, on a pour surface 2,550 ; le parallélogramme A B C D est égal au rectangle A M C O, puisque les deux triangles ABM et C D O sont égaux.

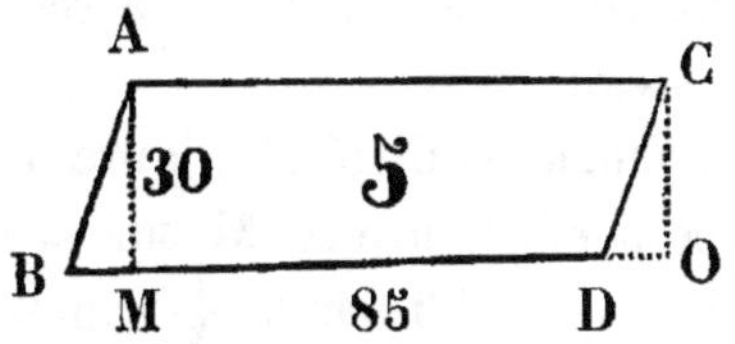

B D = à 85,
par A M = à 30.

2,550.

On nomme triangle une figure qui n'a que trois côtés. Il y a plusieurs espèces de triangles : on nomme triangle rectangle celui qui a un angle droit.

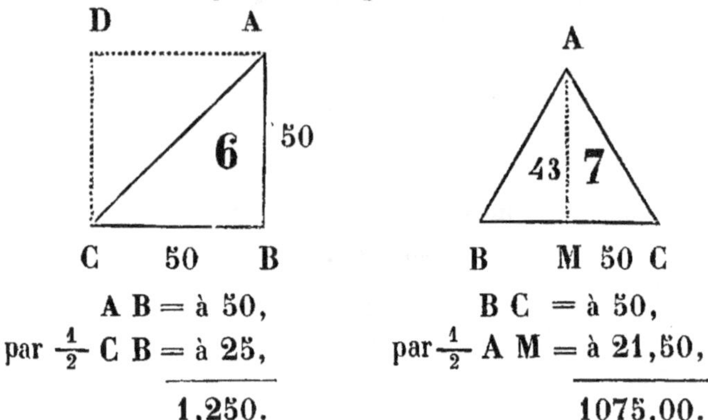

A B = à 50,
par $\frac{1}{2}$ C B = à 25,
1,250.

B C = à 50,
par $\frac{1}{2}$ A M = à 21,50,
1075,00.

La surface d'un triangle, figure 6, se trouve en multipliant sa hauteur par la moitié de sa base; en effet, si on multiplie A B=à 50 mètres par la $\frac{1}{2}$ somme C B =à 25, on aura pour surface 1,250. On prouve cette opération en établissant un triangle A C D égal au triangle A C B; cela fait on a formé un carré A B C D. Comme on sait qu'on trouve la surface d'un carré en multipliant la longueur par sa largeur, si on multiplie A B = à 50 par D A = à 50, leur produit sera 2,500 ; le triangle A B C est la moitié du carré A B C D, comme 1,250 est la moitié de 2,500.

Un triangle équilatéral est celui qui a ses trois côtés et ses trois angles égaux.

La surface du triangle équilatéral, figure 7, se trouve en élevant une perpendiculaire A M sur sa base B C ; puis, multipliant BC = à 50 par la $\frac{1}{2}$ somme AM = à 21, 50, leur produit 1075 est la surface du triangle. Cette manière de calculer les triangles convient à toutes espèces de triangles.

Quand une figure a quatre côtés irréguliers, on peut la nommer polygone.

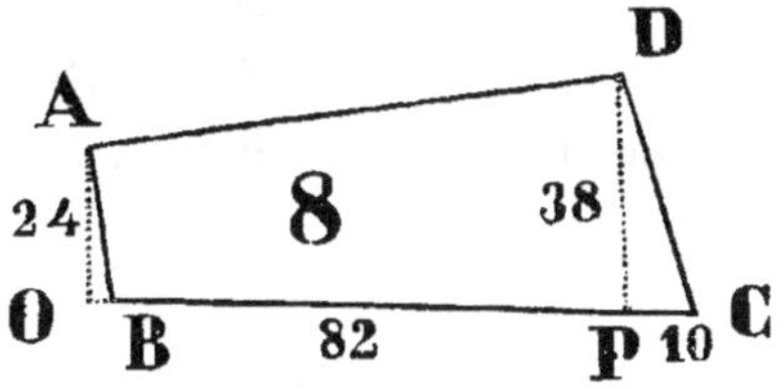

P D = à 38,	P D = à 38,	P O = à 24.
par $\frac{1}{2}$ C P = à 5,	O A = à 24,	par $\frac{1}{2}$ O B = à 2.
190.	62.	48.

31,
O P = à 86,

186,
248,

2666,
190,

2856,
48,

2808.

La surface du polygone, figure 8, se trouve en mesurant premièrement C P; puis, élevant une perpendiculaire PD, on continue de mesurer P B; puis, prolongeant la base C B en O, on élève une perpendiculaire O A; il reste à mesurer B O et O A. Cela fait, l'opération est terminée sur le terrain. Pour en connaître la surface, on multiplie P D = à 38 par la $\frac{1}{2}$ somme C P = à 5, ce qui donne un produit de 190. On cherche la moyenne entre P D = à 38 et O A = à 24 qui est de 31; puis, multipliant O

P=à 86 par 31, on aura 2,666 avec 190. On a 2,856, duquel on a à déduire le triangle A O B qui a été emprunté. Si on multiplie A O = à 24 par la $\frac{1}{2}$ somme O B = à 2, on aura 48, en ôtant 48 de 2,856, le reste 2,808 sera la surface exacte de A B C D.

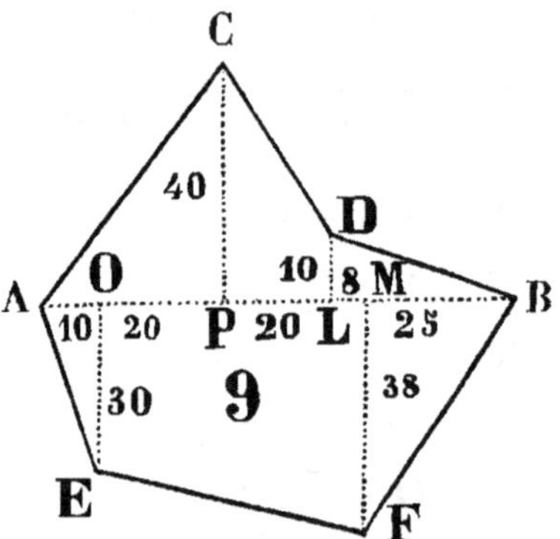

Pour trouver la surface du polygone, figure 9, on établit la droite A B sur laquelle on abaisse des perpendiculaires partant de chaque angle de la figure; puis mesurant A O = à 10, O E = à 30, O P = à 20, P C = à 40, P L = à 20, L D = à 10, L M = à 8, M F = à 38 et M B = à 25; cela fait, si on fait la surface de chaque triangle et trapèze formés par ces lignes, on aura pour surface totale 3,522.

Si on a à mesurer un terrain représentant la figure 10, dans laquelle un amas d'eaux empêcherait de mesurer les perpendiculaires C B et M P, après avoir élevé ces perpendiculaires avec un instrument, on mesurera les longueurs des côtés A B = à 40 et A C = à 50, on fera le carré de 50 qui est 2,500, et le carré de 40 qui est 1,600, on soustraira 2,500 par 1,600; c'est-à-dire, qu'on doit toujours, en pareil cas, soustraire le plus grand carré par le plus petit; cela fait, on extraira la racine carrée du reste : cette racine sera la hauteur de la perpendiculaire

B C = à 30. En opérant de la même manière pour obtenir la longueur de la perpendiculaire M P, on trouvera qu'elle est de 60; après cette opération, il est facile de connaître la surface de cette figure, puisqu'elle est composée de triangles et de trapèzes : la surface demandée est de 5,520.

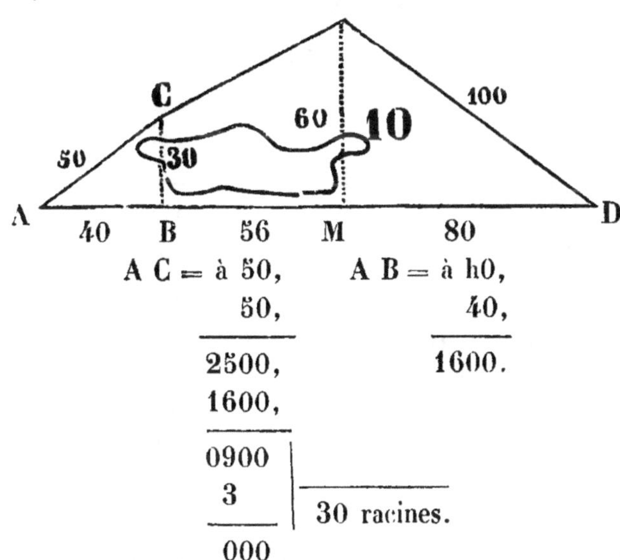

Si on voulait connaître la longueur de l'hypoténuse d'un triangle (*l'hypoténuse d'un triangle est le côté opposé à l'angle droit.*) Supposons le triangle A C B figure 10; supposons aussi qu'on puisse mesurer la perpendiculaire C B = à 30 et A B = à 40, on fera le carré de 30 = à 900, et celui de 40 = à 1,600; en réunissant ces deux sommes, on aura 2,500 : la racine carrée de ce nombre, est la longueur de l'hypoténuse A C = à 50.

J'ai promis de donner un seul et même moyen avec lequel on pourra mesurer toute sorte de figures, toutes fois qu'elles seront accessibles et qu'elles ne seront pas renfermées dans un cercle. En voici l'énoncé :

Soit le triangle rectangle figure 11, dont on veut connaître la surface.

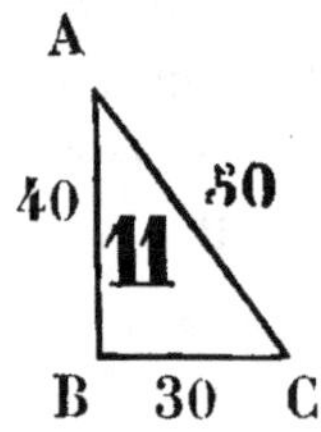

A C = à 50
A B = à 40
B C = à 30
120

60	60	60
50	40	30
10	20	30

60
30
1800
20
36000
10
360000 | 600
6
00000

Après avoir mesuré la longueur de ces trois côtés, on réunira leurs sommes en un seul nombre qui est ici 120; on prendra la moitié du total 120 = à 60, on soustraira 60 par A C = à 50, le reste sera 10; on écrira une seconde fois 60 qu'on soustraira par A B = à 40, il restera 20; enfin on écrira une troisième fois 60 qu'on soustraira par B C = à 30, il restera 30; cela fait, on multipliera 60 par le dernier reste 30, on aura pour produit 1,800, on multipliera 1,800 par le deuxième reste 20, le produit sera 36,000; enfin, multipliant 36,000 par le premier reste 10, le produit total sera 360,000, en extrayant la racine carrée de ce nombre, le quotient 600 sera la surface exacte du triangle A B C. Si on veut prouver la justesse de cette opération, on suivra les principes démontrés à la figure 6.

On suivra les mêmes principes pour toutes espèces de triangles quels qu'ils soient ; et, comme on peut toujours décomposer un terrain en triangle, quand même ce serait un territoire entier, on pourra aussi en trouver la surface par les mêmes moyens.

Soit, en second lieu, le rectangle figure 12, dont on veut connaître la surface.

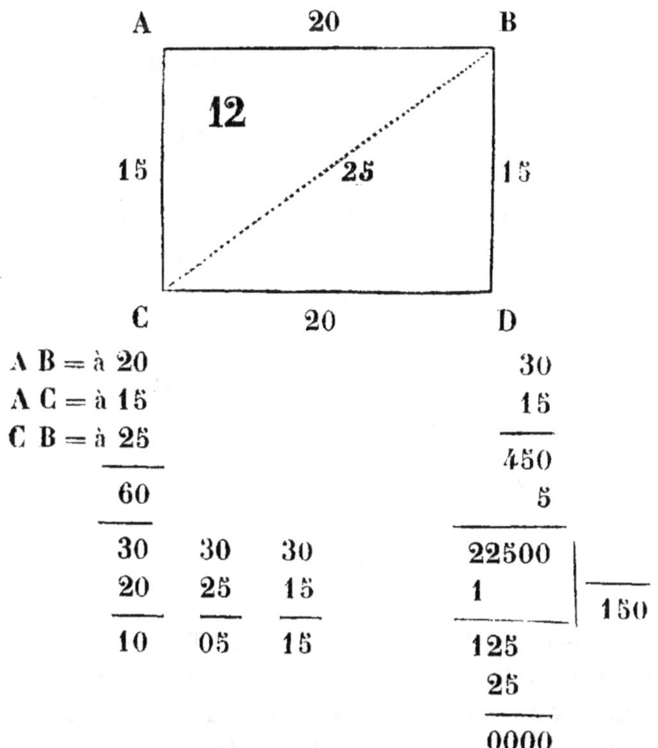

Après avoir mesuré les quatre côtés du rectangle A B D C, on établit une diagonale C B qu'on mesure aussi exactement ; c'est avec cette ligne qu'on peut calculer trigonométriquement ce rectangle : pour cela, on fait la somme des trois côtés du triangle A B C = à 60, on prend la moitié de 60 = à 30, on soustrait 30 successivement par les trois côtés du triangle, puis on multiplie 30 successivement par les trois restes, le résultat sera 22,500, la racine carrée de ce nombre est 150, et est aussi la surface de A B C; en opérant de la même manière sur C B D, on obtiendra la surface du rectangle A B D C.

On demande, d'après ce principe, quelle serait la surface du polygone figure 13.

Après avoir mesuré les longueurs de chaque côté de la figure, on cherchera le moyen de former des triangles en plus petit nombre possible, cela se fait en mesurant A D = à 50, A E = à 60 et B E = à 42. Si on calcule ces triangles comme il est démontré figure 11, le total de leur produit sera la surface exacte demandée.

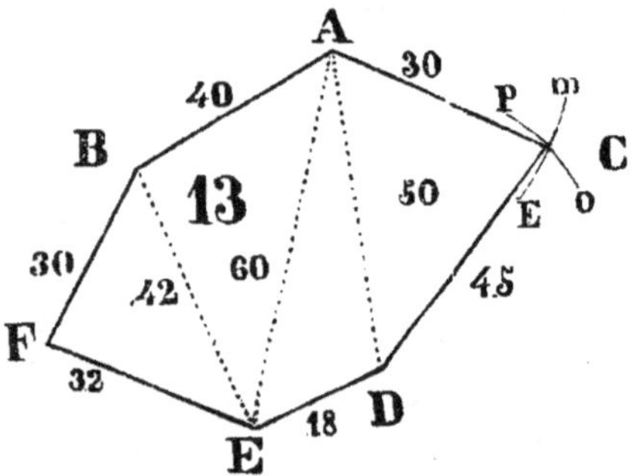

On obtient la surface d'un terrain renfermé dans un cercle, par les moyens suivants : quand, dans un cercle, on peut mesurer le diamètre A B = à 35 mètres, figure 14, on multiplie 35 par 3, et plus le septième du diamètre; c'est-à-dire que, multipliant 35 par 3, le produit est 105, le septième de 35 est 5; si on ajoute 5 au nombre 105, on aura 110; ce nombre 110 est la grandeur du cercle; cela fait on obtient la surface en multipliant la grandeur du cercle 110 par le quart du diamètre 35 qui est de 8,75 : le résultat de cette multiplication sera 962 mètres 50 centimètres.

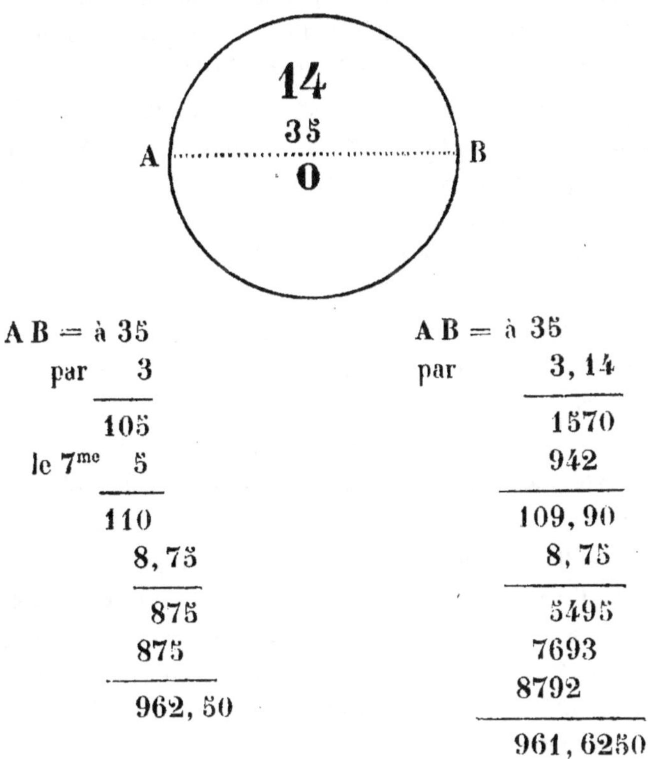

AUTRE MOYEN.

Connaissant le diamètre d'un cercle, on le multiplie par 3,14, le produit sera la grandeur du cercle ; si on multiplie la grandeur du cercle par le quart du diamètre, on obtiendra la surface demandée. On se sert communément de cette manière, parce qu'elle est expéditive, mais elle n'est pas précisément juste.

Le moyen le plus sûr est celui-ci quand on connaît le diamètre d'un cercle quelconque. Supposons, pour démonstration, le diamètre A B = à 35 figure 14, on établit ces proportions 7 : 22 : : 35 : x, la réponse sera 110 ; la surface se trouve toujours par le même moyen.

On peut trouver la surface d'un cercle par les proportions suivantes : si on fait le carré du diamètre 35, on aura 1,225, et, comme le carré d'un diamètre est à la surface contenue dans le cercle comme 14 est à 11, on aura ces proportions à établir 14 : 11 : : 1,225 : x, ou 962 mètres 50 centimètres.

Si, connaissant la circonférence d'un cercle, on voulait connaître le diamètre soit la circonférence figure 14 = à 110, on aurait ces proportions à établir 22 : 7 : : 110 : x, la réponse sera 35. Cette manière convient à toute espèce de cylindre.

Quand on mesure un terrain quelconque, on est quelquefois obligé d'en conserver le plan figuré ; cela s'obtient en faisant le rapport du plan sur le papier, suivant une proportion déterminée et avec des mesures prises sur une échelle dressée exprès. Il y a des échelles de différentes grandeurs : quand on dit l'échelle est de 1 à 1,000, c'est qu'un mètre sur le terrain est représenté par un millimètre sur le papier ; et si on veut représenter 2 mètres 50 centimètres sur le papier, on prend une échelle dite de 1 à 2,500.

ÉCHELLE DE 1 A 1000.

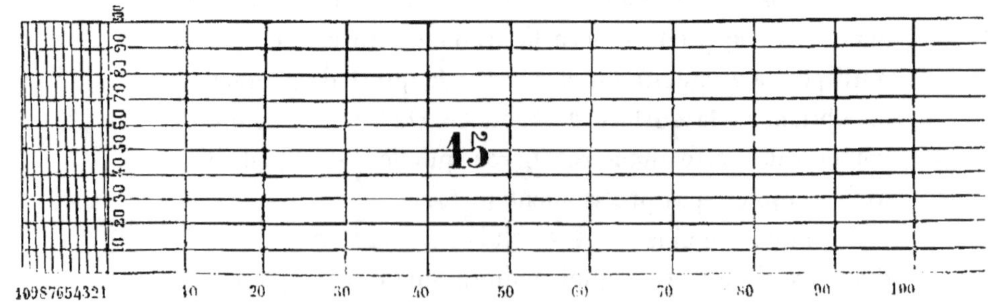

Une échelle est un long rectangle qui est divisé par des lignes horizontales en dix parties égales, et est divisée en travers de 10 millimètres en 10 millimètres quand elle est de 1 à 1,000; mais, dans d'autres cas, elle peut augmenter; la première de ces divisions est divisée par des lignes obliques en 10 parties qui représentent chacune 1 mètre, les distances qui se trouvent entre la deuxièmedroite et la dixième oblique sont des centimètres; si on veut prendre avec un compas une longueur de 54 mètres 50 centimètres, on posera une pointe de compas sur la ligne horizontale au droit de laquelle il est écrit 50 centimètres et sur la ligne au bas de laquelle il est écrit 50 mètres; l'autre pointe, sur la même ligne horizontale et sur la ligne oblique, au bas de laquelle il est écrit 4 mètres, et on aura pris une longueur de 54, 50.

Si, d'après ce principe, on veut rapporter la figure 10, on tirera une ligne à volonté AD, puis, prenant sur l'échelle une longueur de 40 mètres, on portera l'ouverture de compas de A en B, puis à l'aide d'une équerre en bois ou autre, on tracera la perpendiculaire B C sur laquelle on portera une ouverture de compas de 30 mètres pris sur l'échelle : ce point sera la démarcation de la ligne A C; ensuite, prenant sur l'échelle une ouverture de 56 mètres qu'on portera de B en M, on élevera une perpendiculaire du point M en P sur laquelle on portera une ouverture de 60 mètres; sur ce point, on tirera la ligne C P; puis, portant une ouverture de 80 mètres de M en D, et tirant la ligne P D, la figure sera représentée en petit sur le papier telle qu'elle est sur le terrain. On doit tracer au crayon et ensuite laver à l'encre.

On peut aussi facilement rapporter le plan d'un terrain mesurée trigonométriquement.

Soit la figure 13 à rapporter, on tirera la diagonale

A D; puis, avec une ouverture de compas de 50 mètres prise sur l'échelle, on marquera les deux points A et D; ensuite, avec une ouverture de 45 mètres, et ayant placé une pointe de compas en D, on tracera un petit arc P O en C; et, avec une ouverture de 30 mètres, plaçant une pointe en A, on tracera en C un second arc M E; la rencontre des deux arcs démontre le point de jonction des lignes A C et D C; plaçant une pointe en A avec une ouverture de 60 mètres, on tracera un arc en E, et du point D, avec une ouverture de 18 mètres, on tracera le second arc en E; du point E, avec une ouverture de 42 mètres, on tracera un arc en B; et du point A, avec une ouverture de 40 mètres, on tracera un second arc en B; la rencontre de ces arcs seront les points de démarcations des lignes A B et D E. Si du point E, avec une ouverture de 32 mètres, on trace un arc en F, et que du point B, avec une ouverture de 30 mètres, on trace un second arc en F, la rencontre des deux arcs sera le point de jonction des lignes E F et B F.

Cela fait, on tirera des lignes sur chaque intersection des petits arcs pour former les côtés de la figure, et elle sera rapportée.

SOLIDES.

—

Le cube a trois dimensions : longueur, largeur et hauteur.

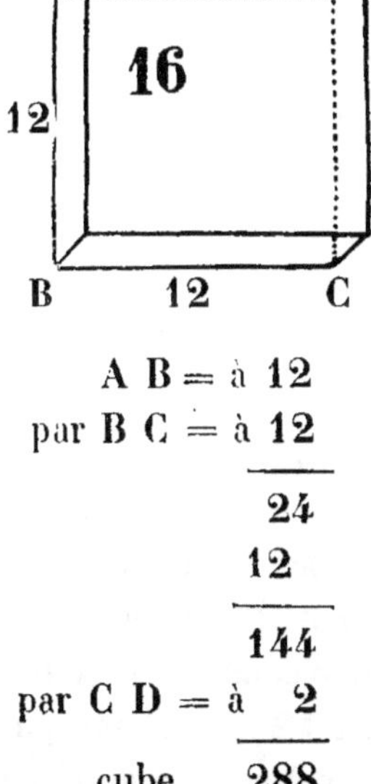

A B = à 12
par B C = à 12
24
12
144
par C D = à 2
cube 288

Pour faire le cube du solide, figure 16, on multiplie sa longueur A B = à 12 mètres, par sa largeur B C = à 12 mètres, leur produit sera 144, qu'on multipliera par sa hauteur C D = à 2 mètres ; cela fait, on aura obtenu un cube de 288 mètres.

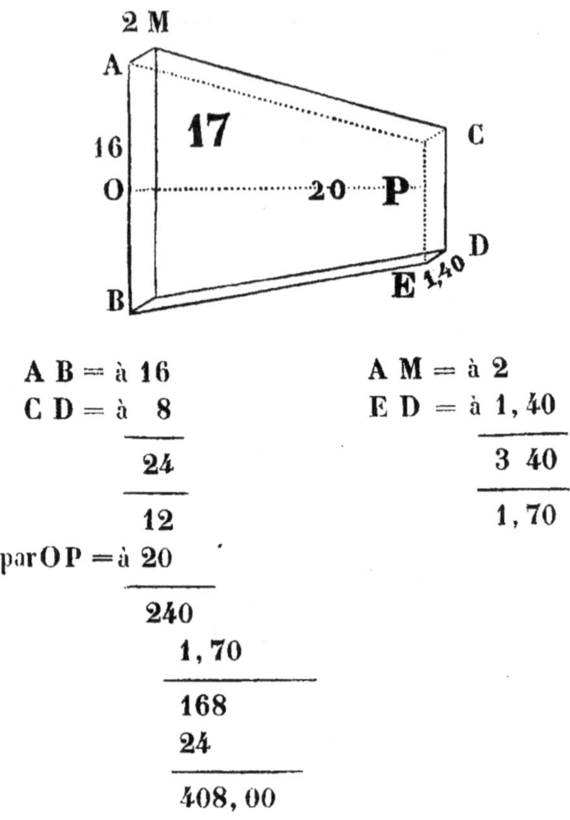

A B = à 16	A M = à 2
C D = à 8	E D = à 1, 40
24	3 40
12	1, 70
par O P = à 20	
240	
1, 70	
168	
24	
408, 00	

Si on a à faire le cube du solide figure **17**, qui est moins large et moins haut d'un bout que de l'autre, on cherchera la largeur moyenne entre **A B** = à **16** mètres et **C D** = à **8**, qui est **12**, puis multipliant **12** par la longueur **O P** = à **20** mètres, la surface sera **240**; ensuite, on cherchera la hauteur moyenne entre **A M** = à **2** mètres, et **E D** = à **1** mètre **40** centimètres, qui est **1** mètre **70** centimètres; c'est en multipliant la surface **240** par la hauteur moyenne **1,70**, qu'on obtient les **408** mètres cubes contenus dans la figure.

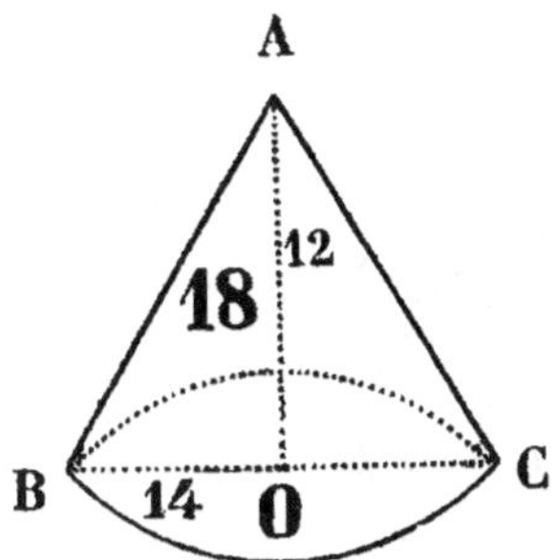

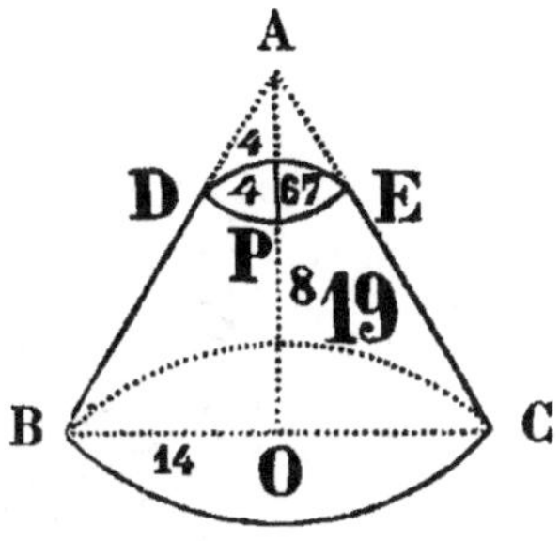

Si on connaît le diamètre B C = à 14 mètres de la base du cône figure 18, il est facile d'en connaître la surface *(voyez figure 14)*; la surface de la base étant connue = à 154 mètres, on obtient le cube en multipliant 154 par le tiers de la hauteur 12 = à 4 mètres; leur produit 600 sera le cube.

On connaîtra également le cube d'un cône tronqué, en faisant la surface de sa base inférieure B C et celle de sa base supérieure D E *(voyez figure 14)* la surface B C étant connue = à 154, et celle D E = à 17, 17, connaissant aussi la hauteur O P = à 8, on connaîtra la hauteur P A par les proportions suivantes 154 : 8 : : 17, 17 : x, la réponse sera 4; ce qui démontre que, si le cône était parfait, il aurait 12 mètres de hauteur. Si on fait le cube du cône A B C, comme il est démontré figure 18, et qu'on fasse aussi le cube du cône A D E par les mêmes moyens, et qu'ensuite on déduise le cube du petit cône A D E du cube total, le reste sera le cube exact du cône tronqué D E C B.

—

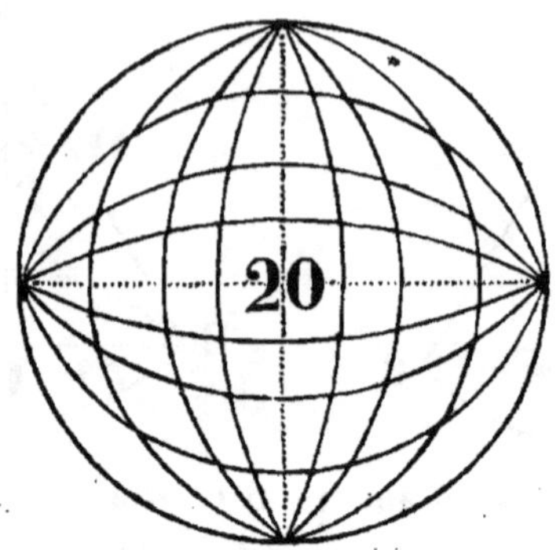

On nomme sphère une figure ronde en forme de boule. On connaît le cube d'une sphère par les moyens suivants : mesurant la circonférence d'une sphère, figure 20, = à 44 mètres, on connaîtra son diamètre par les proportions suivantes : 22 : 7 : : 44 : x, la réponse sera 14 mètres. 14 étant le diamètre, on obtiendra la surface convexe de la sphère; en multipliant la circonférence 44 par le diamètre 14, leur produit sera 616; en multipliant la surface 616 par le sixième du diamètre 14 = à 2, 33 33, on aura 1,437 mètres 31 centimètres cubes.

FIN.

TABLE.

ERRATA.

Page 51, au-dessous de la figure 10, 2e ligne à droite, au lieu de AB=à h0, *lisez* AB=à 40.

Page 24, avant-dernière ligne, au lieu de millionièmes, *lisez* dix-millièmes.

www.ingramcontent.com/pod-product-compliance
Lightning Source LLC
LaVergne TN
LVHW050430160826
845677LV00002BA/636